U0241512

熊猫指南
PANDA GUIDE
2023

风味密码

THE FLAVOR CODE

毛峰 马祎 著

旅游教育出版社

·北京·

序

P R E F A C E

　　熊猫指南一直在以发现的精神去寻找全国各地的优质农产品，并用科学的方法解析其中的风味。熊猫指南要做的，就是与农民、渠道、消费者建立联系，用"无形的手"助推中国品质农产品的市场化发展。通过发现和推广这些农产品，帮助产销对接，满足消费者对美好生活的需求，实现品质农产品溢价和农民增收的双赢局面。

　　对于我们这个拥有众多农村人口的国家而言，农业的发展至关重要。我们需要持续投入更多的力量和耐心，为农业发展提供更多的支持和保障。我们已连续六年推出熊猫指南年度图书，希望用这本类似于中国农产品米其林的书，不断筛选全国优质农产品，详细描述每一个上榜农产品的风味、特点、生产过程和联系方式，为需求方提供采购建议，让更多的人可以按图索骥去了解和体验这些宝贵的农产品。

　　最后，我要向熊猫指南团队和所有上榜产品背后的农人们表示感谢。当我们的农民能够得到更好的收益，当我们的消费者能够吃到更健康、更美味的农产品时，这本书的出版才有了更大的意义。

先正达集团中国副总裁、中化农业 MAP 总经理　刘剑波

2023 年 12 月

目录
CONTENTS

前言：风味解析

第一部分　2023 年熊猫指南全榜单

第二部分　2023 年熊猫指南"好吃榜"

后记　2024 年，那些让人期盼的美味

PREAMBLE
前言

风味
解析

人的味觉系统是非常丰富的，每个人对于麻辣酸甜苦涩鲜的味觉体验都不一样，个性化十足，因而人们普遍认为，味道因人而异，难以评价。真是这样吗？其实不然。

早在 20 世纪 40 年代，感官评价技术就已经形成体系，并逐步发展为一门完整的学科，风味轮就是其中一项最有用的工具。1976 年，化学家 Morten 博士开发的啤酒风味轮是最早的风味轮，而将风味轮推向大众视野的则是红酒风味轮，通过对红酒风味的解析，人们发现，原来仅香气而言红酒就有这么多层次。

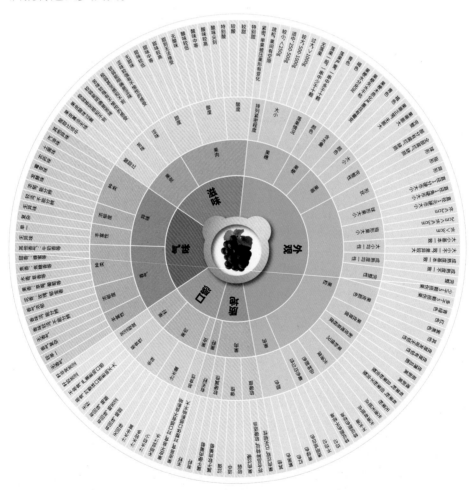

熊猫指南风味轮——葡萄

葡萄酒含有丰富的花香和果香，花香如玫瑰、天竺葵、香橙花等，果香如葡萄、无花果、香蕉、苹果等，这些香气是能被普通消费者体验到的。但如果没有经过专业训练，人们则很难体验到葡萄酒中还有饼干味、巧克力味、棉花糖味，更难以想象葡萄酒中还有汽油味、皮革味、猫尿味、塑料味和汗袜子味……在葡萄酒漫长的发展历程中，丰富的气味体验被逐步发现、证明出来，形成了对于红酒的评价体系。在这个过程中，数据的价值越来越大，当两个人无法对某种味道达成一致的时候，如果有两万人的数据，科研人员不仅能找到数据规律，还能根据统计学原理，按照不同维度对这些数据进行分析归类，进而把消费者的感官体验讲得清清楚楚。

这些被提炼出来的感官数据和理论，能带来三种很有价值的应用：一是把产品的卖点讲清楚，二是积累可比的数据，三是打造某一款食材的话语权。

新世界的葡萄酒很好喝，比如美国的、智利的、澳大利亚的、新西兰的，但整体价格被远远甩在后面。世界上最贵的葡萄酒几乎被旧世界垄断，法国波尔多、勃艮第的六大名庄更是独占鳌头。

旧世界的红酒好在哪里？

拉菲酒庄位于法国波尔多产区，始建于1354年。那里拥有优越的地理位置和自然环境，气候土壤条件得天独厚，日照特别充足，风化形成的沙砾质土壤极大提高了葡萄种植的排水性能，但这些自然条件并不独属于拉菲酒庄一家，那么，1982年拉菲这个年份酒又是如何突出重围名震世界的呢？

1982年的确是个好年份，当年的酒产量也大，1982年拉菲之所以出名，有赖于著名的酒评家罗伯特帕克在1995年给它的满分评价。他依据葡萄酒风味轮理论，对1982年拉菲的风味进行了解析，使"雄壮"这一口感成为1982年拉菲的卖点。在其后的岁月里，在销售商、藏家、消费者、影视作品的共同作用下，1982年拉菲最终走上了神坛。

1997年，美国精品咖啡协会（SCAA）绘制了第一版咖啡风味轮，帮助咖啡评测员或专业人士进一步了解咖啡香气与滋味的内涵，也可以让消费者辨别咖啡的不同风味特性。

近年来，很多手冲咖啡店开始使用简化的咖啡风味雷达图来介绍一杯咖啡的风味。这个风味雷达图就是从前面提到的咖啡风味轮简化出来的，它重点介绍七个维度：一款咖啡的苦、涩、酸、香、醇，以及咖啡的品种和产地。当然，如果想卖得更贵更好，对咖啡的香气（Aroma）尤其是果香、花香进行充分的解析，更有助于找到卖点，卖出溢价。

除此以外，日本人发明了大米食味值，其理论依据也是感官评价技术和风味轮这个工具。实际上，啤酒风味轮、茶叶风味轮也有人在用，但其影响力和权威性与红酒、咖啡、大米相比，相差甚远。

中国是世界上最大的农产品生产国和消费国，我们生产并消费了全球30%的大米、35%的鸡蛋，50%的猪肉、苹果，70%的养殖类贝壳海鲜、种植类菌菇，80%以上的荔枝。中国没有量产榴莲，泰国榴莲这个单品一年可以向中国出口42亿美元。我们生活在中国，真的是很幸运，这里物质丰富、历史悠久、美食发达，但遗憾的是，中国庞大的消费市场没有孕育出有话语权的高品质食材，我们在建立食材标准、创建话语权方面，和西方国家相比还有不小的差距。

举个例子，目前车厘子有三种分类标准，分别是美国和加拿大的ROW 、新西兰和澳洲的MM 、智利的Jumbo 。智利的车厘子品质很好，它在中国大卖，主打的不是好吃，因为国产大樱桃也很好吃；主打的也不是新鲜，因为长途海运过来，新鲜不是卖点，尽管其保鲜技术世界一流；它们主推一个全新的卖点——3J、4J。为什么是这个指标呢？因为智利车厘子的工业化、标准化和品牌化做得很好，它们发现，中国国产的大樱桃在"大"这个指标方面做得不够好，而这恰恰是消费者能够轻易感知到的，于是智利就主打了"大"这个指标。3J是一枚一元硬币的直径，4J比一枚一元硬币还大。于是，一个新的话语权在市场上出现了，它成了智利车厘子卖得昂贵的重要推手。

再举个例子，新西兰的佳沛奇异果（猕猴桃）在全世界都卖得很好，在中国也不例外。大家也许不知道，中国其实是猕猴桃的原产国，这在《诗经》上有记述。我们国家有几十种野生猕猴桃，也就是说，我们拥有最丰富的猕猴桃种质资源，但为什么我们的猕猴桃没有佳沛卖得好呢？诚然，佳沛的标准更清晰、品质更稳定、品牌更知名，尤其是其金果的甜味具有极强的竞争力。猕猴桃是一款维生素C含量很高的水果，维生素C的本味是酸味，所以接受猕猴桃的酸味本是一件天经地义的事儿，但佳沛猕猴桃主打的是品质稳定的甜味。国内的猕猴桃市场也一直以酸味重的品种占主导地位，没有对风味密码进行深度解析，而佳沛注意到了消费者对甜味的需求，定义了猕猴桃的甜，拿到了猕猴桃的话语权。

可见，对风味密码的解析是多么必要和有价值。

熊猫指南是由世界500强、特大型央企——中国中化打造的"优质农产品榜单"品牌，自2018年3月第一次发布榜单以来，我们的团队一直在进行数据科研。对我们来说，任何一款食材比另一款食材好吃，需要统一的标准去检测它，需要科学的数据去分析它，需要一定数量的消费者反馈，以便找到数据规律。

在熊猫指南科研团队的努力下，过去五年来，我们申请并授权了61项专利、软著和标准，重点构建了"熊猫风味轮专利群"，这是熊猫指南团队的一项创举。中国有很多优秀的企业，他们在推销自己的农产品时，或多或少会遇到"老王卖瓜、自卖自夸"的问题，而自夸的产品是难以取得消费者的信任的。因为没有一把标准尺，各个企业评价一款食材的标准不统一。"熊猫风味轮"围绕葡萄、苹果、甜瓜、柑橘、猪肉、榴莲等一个个大单品，研发专属的风味轮，这样，对一款食材的测评就有了统一的标准，获得的数据是科学的，是有统计学意义的，也就是说，熊猫指南科研团队发明了一把通用的标尺，让食材的评价数据具有了可比性。

在过去六年，熊猫指南团队累计行程近500万千米，足迹遍布全国31个省、市、自治区，调研4000多家农业企业，完成5500余次实验室检测，才有了343款上榜产品。除了这些上榜产品的数据，熊猫指南实验室还检测了先正达服务的农产品品质，并为京东、都乐、美团、海底捞、益海嘉里、江小白、吐鲁番市政府、草莓大会、国际西甜瓜大会、山东黄河口大闸蟹等企业、政府和大型活动提供过食材品质测评。

2022年，熊猫指南感官实验室正式获得CNAS认可，成为国内少有的专注于测评"好吃"的CNAS感官实验室之一。

中国绿色食品有限公司熊猫指南感官实验室
China Green Food Co.,Ltd.Panda Guide Sensory Laboratory

中国认可
国际互认
检测
TESTING
CNAS L17350

中国合格评定国家认可委员会
China National Accreditation Service for Conformity Assessment

熊猫指南CNAS感官实验室

什么是感官测评？感官测评是测量、分析、解释由食品与其他物质相互作用所引发的，能通过人的味觉、触觉、视觉、嗅觉和听觉进行评价的一门科学。对于一款食材，通过多位专业评测员进行盲评，不向评测员提供产品名和购买信息，只提供编号，保证测评过程客观公正。这些数据是专家数据，也是主观数据。同时，我们用电子舌、电子鼻、色差仪、质构仪、糖度仪等专业设备测出客观数据，然后再收集普通消费者的消费喜好数据，当上述三个动作完成后，一款食材的"好吃喜好度"应该得多少分，什么人群喜欢它，喜欢它哪些特点等，就可以被解构出来，包括人群的性别、年龄、地域、收入等维度，这是目前世界上最权威的关于"好吃"的消费分析方法。

熊猫指南感官实验室有标准尺——熊猫风味轮，有专业机构——熊猫指南CNAS感官实验室，还有来自榜单测评、先正达委托和社会化测评的广域数据。我们结合专家的主观数据、仪器的客观数据和消费者反馈的大数据，对一款食材的品质进行评价。随着测评量不断增加，这些"好吃数据"的价值将会越来越大。

熊猫指南，科学定义好吃，数据呈现美味，我们衷心希望中国的优质食材"为人知、为人信，还能买得到"，希望中国人也能建立属于自己的"好吃"话语权。

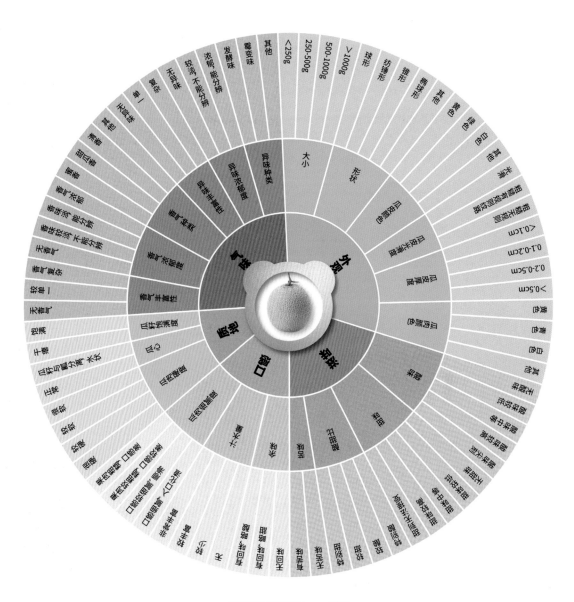

熊猫指南风味轮——甜瓜

PART **1**

第一部分

安徽

2023

1 艳九天草莓（九天红韵）

推荐语：海燕于飞志存千里，长丰腴沃莓艳九天

星级：
熊猫指数：**84**

- ➔ **感官关键词**：果香浓郁、甜高酸低、细腻无籽感
- ➔ **企 业 名 称**：合肥市艳九天农业科技有限公司
- ➔ **采 收 时 间**：每年 12 月～次年 4 月
- ➔ **销 售 渠 道**：艳九天农业科技有限公司淘宝店
- ➔ **企 业 负 责 人**：沈海燕　电话：18955139933
- ➔ **销 售 联 系 人**：沈海燕　电话：18955139933
- ➔ **基 地 地 址**：安徽省合肥市长丰县水家湖农场九分场
- ➔ **如 何 到 达**：从合肥出发，途经沪陕高速、蚌合高速，全程 85 千米，耗时 1.5 小时

2 猕鲜生金寨猕猴桃（红阳）

推荐语：猕猴桃铺开的扶贫路

星级：

熊猫指数：**84**

→ 感官关键词：酸甜适口、略带涩味、细腻多汁
→ 企 业 名 称：安徽夏源农业科技有限公司
→ 采 收 时 间：8 月 ~10 月
→ 销 售 渠 道：猕臻猕猴桃微信公众号
→ 企业负责人：夏园园　电话：13564076969
→ 销售联系人：夏园园　电话：13564076969
→ 基 地 地 址：安徽省六安市金寨县北六路与小南京路交叉口西北
　　　　　　　方向 666 米，小南京乡村旅游扶贫示范区
→ 如 何 到 达：从合肥市出发，途经沪陕高速、沪蓉高速，全程
　　　　　　　154 千米，耗时 1 小时 56 分钟

3 欣沃猕猴桃（翠香）

推荐语：来自大别山的英雄赞果（猕猴桃），开辟田园诗画的乡村振兴新路径

星级：

熊猫指数：**84**

→ 感官关键词：浓甜微酸、肉质细腻、爽滑多汁
→ 企 业 名 称：安徽欣沃生态园艺有限公司
→ 采 收 时 间：9 月 ~11 月
→ 企业负责人：柳士勇　电话：15005640499
→ 销售联系人：吕华根　电话：18792091217
→ 基 地 地 址：安徽省六安市金安区三十铺镇一元大道铁路桥南侧
→ 如 何 到 达：从合肥市出发途经新桥大道、长江西路，全程共计
　　　　　　　56.1 千米，耗时 1 小时 4 分钟

4 牧马湖籼米鸭稻香（荃香19）

推荐语：粳米稻花香，籼米牧马湖

星级：
熊猫指数：**84**

→ 感官关键词：滋味清甜、清香有嚼劲、米饭松散
→ 企 业 名 称：安徽牧马湖农业开发集团有限公司
→ 采 收 时 间：11月
→ 销 售 渠 道：天猫牧马湖旗舰店
→ 企业负责人：胡胜桃　电话：13805506611
→ 销售联系人：赵超然　电话：13365506910
→ 基 地 地 址：安徽省天长市仁和镇芦龙社区方庄
→ 如 何 到 达：从合肥机场出发，途经沪陕高速、天天高速，全程261.9千米，耗时2小时50分钟

5 康盈米香世家象牙香粘（果两优桂花丝苗）

推荐语：康盈米，米粒细长，晶莹剔透，甘香软滑

星级：
熊猫指数：**80**

→ 感官关键词：米饭清香、黏弹适中、洁白有光泽
→ 企 业 名 称：天长市康盈米业有限公司
→ 采 收 时 间：10月
→ 销 售 渠 道：米香世家抖音品牌店
→ 企业负责人：曹永金　电话：13955092229
→ 销售联系人：刘广健　电话：15855005590
→ 基 地 地 址：安徽省天长市张铺镇平安社区徐庄队
→ 如 何 到 达：从合肥机场出发，途经沪陕高速、天天高速，全程250千米，耗时2小时40分钟

6 联河喜洋洋纯正米（桃优香占）

推荐语：联河米香，幸福稻家

星级：
熊猫指数：**80**

→ 感官关键词：米饭清甜、清香有嚼劲、软硬适中
→ 企 业 名 称：安徽联河股份有限公司
→ 采 收 时 间：10 月
→ 销 售 渠 道：天猫联河食品旗舰店
→ 企 业 负 责 人：甘启斌　电话：13505568888
→ 销 售 联 系 人：郑晓宏　电话：18365173430
→ 基 地 地 址：安徽省安庆市望江县杨湾镇洪湖村
→ 如 何 到 达：从合肥机场出发，途经德上高速、济广高速，全程 272.7 千米，耗时 3 小时 3 分钟

北京
2023

1 苹果青番茄（苹果青）

推荐语：复刻从前的老味道，让您重新爱上生吃的番茄

星级：
熊猫指数：**89**

➜ 感官关键词：酸甜适口、口感沙软、浓郁多汁
➜ 企 业 名 称：北京食尚本源科技有限公司
➜ 采 收 时 间：6 月
➜ 销 售 渠 道：中国农垦、央广商城、沱沱工社、有好东西网
➜ 企业负责人：贾婉秋　电话：15510543712
➜ 销售联系人：贾婉秋　电话：15510543712
➜ 基 地 地 址：北京市丰台区王佐镇南岗洼二队 605 号采摘园
➜ 如 何 到 达：从北京出发，途经三环、G4 京港澳高速、周口店路，全程 22 千米，耗时 37 分钟

　　所谓美好，莫过于西红柿之于夏天的味道。即便作为蔬菜，不做任何烹调，洗干净就能直接吃掉，那种酣畅淋漓的感觉，也足以让所有的调味料都退避三舍。来自北京的苹果青番茄，就是西红柿中的翘楚。

　　为了便于储存和长途运输，许多西红柿大多改良种植或提前采摘，导致大部分口感被牺牲掉。苹果青番茄则不同，它们均为藤上成熟、自然采摘，从苗期到坐果期，长足 6 个月。不使用任何化肥和激素，仅用天然羊粪豆粕做生物菌肥，这种传统种植之法让记忆中的番茄本味得以回归。刚成熟的苹果青番茄果蒂泛着和青苹果颜色相近的青绿色，单果重约 180 克，徒手掰开，便能露出绵密的沙瓤，咬上一口，厚实的沙粒感和湛江汁液便在唇齿间徘徊，如同果冻般可以轻轻吮吸，完美酸甜比让人欲罢不能。

2 摘瓜姑娘西瓜（L600）

推荐语：摘瓜姑娘，正宗大兴庞各庄西瓜

星级： ∨
熊猫指数：**89**

→ **感官关键词：**脆沙口感、高甜浓郁、瓜香清新
→ **企 业 名 称：**北京庞安路西瓜专业合作社
→ **采 收 时 间：**5 月~8 月
→ **企业负责人：**张妍　电话：15901220335
→ **销售联系人：**张妍　电话：15901220335
→ **基 地 地 址：**北京市大兴区庞各庄镇东义堂村
→ **如 何 到 达：**从北京市出发，途经京开高速、大广
　　　　　　　　高速，车程 35 千米，耗时 1 小时

摘瓜姑娘西瓜来自北京"中国西瓜之乡"——大兴庞各庄，其品种是西瓜界的实力王者——L600。此款西瓜在2020 年熊猫指南的西瓜测评中一举夺魁，成为当时市面上所有在售的 17 款西瓜中的王者。L600 西瓜虽然没有获得各测评维度的 TOP1，但是，它在果汁喜好度、薄度、果皮韧性等维度上均排名前五，综合实力极高。

在个头上，摘瓜姑娘西瓜属于 4~6 斤的迷你小西瓜，俗称"一人瓜"。在口感上，该西瓜的果汁非常充足，而且瓜香浓郁，充满了清新的天然之气。

3 康顺达西瓜（京秀）

推荐语：可以撕的西瓜

星级：
熊猫指数：**89**

→ 感官关键词：皮薄瓤沙、香甜多汁、果肉顺滑
→ 企业名称：北京康顺达农业科技有限公司
→ 采收时间：5月~6月
→ 企业负责人：张文学　电话：13811832728
→ 销售联系人：张文学　电话：13811832728
→ 基地地址：北京市密云区河南寨镇平头村西500米康顺达生态园院内
→ 如何到达：从北京出发，途经大广高速、京承高速，全程100千米，耗时2小时

　　"破来肌体莹，嚼处齿牙寒"，炎炎夏日，放眼都是翠绿相间的碧波条纹，刀起刀落，半块落肚，唇齿间立生凉意，足以抵挡这难耐酷暑。汗水涔涔，来一口康顺达西瓜（京秀），幸福感瞬间爆棚。

　　北京是种植西瓜的天然宝地。这里地处华北平原，地形平坦，日照充足，平均气温20℃~26℃，高温时可达35℃以上，夏季炎热多雨，年平均降水量约680毫米，昼夜温差大，赋予康顺达西瓜12.5以上的中心甜度。

　　康顺达西瓜属于"京秀"品种，是国家蔬菜工程技术研究中心选育的小型西瓜一代杂交种，平均果重1.5~2.0千克，表皮脆薄，刀起刀落，能够完美诠释什么叫"应声即裂"。冰润润的果肉在脆甜中微微带沙，含水量高达90%~92%，如同水果罐头般直接融化在口中。

4 极星番茄（绿宝石）

推荐语：极星番茄，还原番茄好味道

星级：
熊猫指数：**87**

→ **感官关键词：** 全绿色、酸甜可口、清爽多汁
→ **企 业 名 称：** 北京极星农业有限公司
→ **采 收 时 间：** 每年 10 月~次年 7 月
→ **销 售 渠 道：** Ole'、BHG、上海 citysuper、春播、叮咚买菜
→ **企业负责人：** 徐丹　电话：13810222990
→ **销售联系人：** 徐丹　电话：13810222990
→ **基 地 地 址：** 北京市密云区兴盛南路 16 号院
→ **如 何 到 达：** 从北京市出发，途经二环、S11 京承高速、
　　　　　　　　G45 大广高速，全程 101 千米，耗时 1 小时
　　　　　　　　16 分钟

　　极星番茄的绿宝石品种是利用基因重组技术培育的精品特色番茄一代杂交种，圆形果，幼果显绿色果肩，成熟果晶莹透绿似绿宝石，果味酸甜浓郁，拥有黄金糖酸比，是番茄中的佼佼者。它皮薄肉厚，香气浓郁，甜脆爆汁，一口一个，好吃到停不下来！符合一切"小时候味道"的要求。

5 金粟丰润葡萄（火焰无核）

推荐语：尝遍金粟葡萄甜，脆香味鲜不思还

星级：
熊猫指数：**84**

→ 感官关键词：粒小无籽、浓甜微酸、细脆多汁
→ 企 业 名 称：北京金粟种植专业合作社
→ 采 收 时 间：6 月 ~12 月
→ 企业负责人：朱小华　电话：13718070483
→ 销售联系人：朱小华　电话13718070483
→ 基 地 地 址：北京市延庆区延庆镇唐家堡村 112 号
→ 如 何 到 达：从北京西站出发，途经万泉河路、G7 京新高速、
　　　　　　　京银路，全程 88 千米，耗时 1 小时 34 分钟

6 百年大集茅山后佛见喜梨（佛见喜）

推荐语：佛见喜梨，老佛爷都爱吃的梨

星级：
熊猫指数：**84**

→ 感官关键词：浓甜微酸、口感硬脆、顺滑多汁
→ 企 业 名 称：北京元宝山果品产销专业合作社
→ 采 收 时 间：10 月 ~11 月
→ 企业负责人：李柱　电话：13720059049
→ 销售联系人：李柱　电话：13720059049
→ 基 地 地 址：北京市平谷区金海湖镇茅山后村 49 号
→ 如 何 到 达：从北京市出发，途经机场高速、京平高速，全程
　　　　　　　100 千米，耗时 1 小时 30 分钟

7 清净栗园板栗（油栗）

推荐语：清净栗园，就做好板栗

星级：
熊猫指数：**84**

- ➡ **感官关键词**：味甜持久、软硬适中、肉质细腻
- ➡ **企 业 名 称**：北京清净栗园种植专业合作社
- ➡ **采 收 时 间**：9 月
- ➡ **企业负责人**：王秀亮　电话：18511969967
- ➡ **销售联系人**：王秀亮　电话：18511969967
- ➡ **基 地 地 址**：北京市怀柔区渤海镇沙峪村
- ➡ **如 何 到 达**：从北京出发，途经京承高速、大广高速，全程 90 千米，耗时 2 小时

8 老栗树板栗（油栗）

推荐语：吃板栗，就吃老栗树

星级：
熊猫指数：**84**

- ➡ **感官关键词**：味甜持久、水分适中、口感较面
- ➡ **企 业 名 称**：北京老栗树聚源德种植专业合作社
- ➡ **采 收 时 间**：9 月
- ➡ **企业负责人**：李思鹏　电话：15001150696
- ➡ **销售联系人**：李雨晨　电话：15801668526
- ➡ **基 地 地 址**：北京市怀柔区渤海镇渤海所村
- ➡ **如 何 到 达**：从北京出发，途经京承高速、大广高速，全程 90 千米，耗时 2 小时

重庆

2023

1 吴小平葡萄（阳光玫瑰）

推荐语：培育二十载，只为把绿色果香带进千万家

星级：

熊猫指数：**89**

→ **感官关键词**：浓甜弱酸、玫瑰香味浓、嫩滑多汁
→ **企 业 名 称**：重庆市南岸区吴小平葡萄园
→ **采 收 时 间**：7月~8月
→ **销 售 渠 道**：微信公众号 – 吴小平葡萄
→ **企业负责人**：吴鸿　电话：18375934639
→ **销售联系人**：吴鸿　电话：18375934639
→ **基 地 地 址**：重庆市南岸区迎龙镇北斗村黄明路
→ **如 何 到 达**：从重庆市出发，途经渝航大道、开迎路，全程37千米，耗时39分

　　吴小平葡萄曾被评选为中国十大葡萄品牌，种植基地全部用草炭土作为种植土壤，经改良后，土壤的有机质含量可以达到10%左右，这样种植出来的阳光玫瑰果型紧凑，脆甜爽口，是夏日轻奢限定必吃款！

2 哈维斯特血橙（塔罗科）

推荐语：长寿血橙，哈维斯特

星级：
熊猫指数：**84**

→ 感官关键词：滋味浓郁、酸甜可口、无籽多汁
→ 企 业 名 称：重庆哈维斯特现代农业发展有限公司
→ 采 收 时 间：每年 12 月～次年 3 月
→ 企业负责人：包英　电话：17323603555
→ 销售联系人：包英　电话：17323603555
→ 基 地 地 址：重庆市长寿区龙河镇龙河村
→ 如 何 到 达：从重庆出发，途经重庆绕城高速、沪渝高速，全程 100 千米，耗时 1 小时

3 凡收农业红橙（中华红橙）

推荐语：峡江好山水，孕育好看又好吃的红橙

星级：
熊猫指数：**84**

→ 感官关键词：甜酸可口、滋味浓郁、无籽多汁
→ 企 业 名 称：重庆凡收农业发展有限公司
→ 采 收 时 间：每年 12 月～次年 3 月
→ 企业负责人：屈万富　电话：18827256111
→ 销售联系人：屈万富　电话：18827256111
→ 基 地 地 址：重庆市云阳县云阳镇蔬菜村
→ 如 何 到 达：从重庆机场出发，途经沪渝高速、沪蓉高速，全程 350.3 千米，耗时 4 小时 58 分钟

4 凡收农业玫瑰香橙（塔罗科）

推荐语：玫瑰香橙，玫瑰清香，柔嫩化渣

星级：
熊猫指数：**84**

- ➡ 感官关键词：酸甜适口、果肉细嫩、皮薄多汁
- ➡ 企业名称：重庆凡收农业发展有限公司
- ➡ 采收时间：3月~4月
- ➡ 企业负责人：屈万富　电话：18827256111
- ➡ 销售联系人：屈万富　电话：18827256111
- ➡ 基地地址：重庆市云阳县云阳镇蔬菜村
- ➡ 如何到达：从重庆机场出发，途经沪渝高速、沪蓉高速，全程350.3千米，耗时4小时58分钟

5 渝礼橙脐橙（奉园 72-1）

推荐语：渝礼橙脐橙，有橙子味的橙子

星级：
熊猫指数：**84**

- ➡ 感官关键词：酸甜适中、滋味浓郁、细腻多汁
- ➡ 企业名称：奉节县进隆生态农业专业合作社
- ➡ 采收时间：每年12月~次年4月
- ➡ 企业负责人：李进　电话：15202387231
- ➡ 销售联系人：李进　电话：15202387231
- ➡ 基地地址：重庆市奉节县永乐镇陈家社区
- ➡ 如何到达：从重庆机场出发，途经沪渝高速、沪蓉高速，全程400千米，耗时4小时58分钟

6 富多村巫山脆李（巫山脆李）

推荐语：巫山脆李，李行天下，源于自然，新鲜美味

星级：↘

熊猫指数：**81**

→ **感官关键词：** 清甜味酸、清香纯正、果肉爽脆
→ **企 业 名 称：** 重庆富多村农业科技有限公司
→ **采 收 时 间：** 7 月
→ **企业负责人：** 余和平　　电话：15086667103
→ **销售联系人：** 余和平　　电话：15086667103
→ **基 地 地 址：** 重庆市巫山县曲迟乡柑园村
→ **如 何 到 达：** 从重庆机场出发，途经沪渝高速、沪蓉高速，全程 435.7 千米，耗时 5 小时 13 分钟

1 容益绣球菌（广叶）

推荐语：全年工厂化生产下的万菇之王

星级：
熊猫指数：**89**

- ➡ **感 官 关 键 词**：鲜中带甜、爽滑脆嫩、口感细腻
- ➡ **企 业 名 称**：福建容益菌业科技研发有限公司
- ➡ **采 收 时 间**：全年
- ➡ **销 售 渠 道**：山姆会员店
- ➡ **企 业 负 责 人**：李勇　电话：13609559150
- ➡ **销 售 联 系 人**：郑品辉　电话：13615055115
- ➡ **基 地 地 址**：福建省福州市闽侯县南通镇洲头村东路 8 号
- ➡ **如 何 到 达**：从福州机场出发，途经福州机场高速、福州绕城高速，全程 65.9 千米，耗时 1 小时

　　绣球菌，又名绣球蕈，因其具有超高的激活免疫能力，有"梦幻神奇菇"之称。20 世纪 80 年代以来，国内外不少科研单位对绣球菌进行了人工驯化栽培，使我国成为继日本、韩国之后，第三个实现绣球菌人工栽培的国家。

　　野生绣球菌只生长于海拔千米以上的高山针叶林向阳地带，每天须 10 小时以上的充足光照，是目前已知菌类中唯一的阳性菌。由于对生长环境要求十分苛刻，稍有污染都无法生存，所以其蕴藏量非常稀有，国内偶见于东北长白山、云贵川等高山的云杉、冷杉林中。

　　绣球菌的最大特点是含有大量 β－葡聚糖。为菇类之最。根据日本食品分析中心的分析，每 100 克绣球菌含有 β－葡聚糖高达 43.6 克，比灵芝和姬松茸还高。绣球菌入菜的做法非常丰富，与万物皆可搭，可以与麻辣火锅红汤一起沸腾，也可以静立于浓汤之上，让汤头更加鲜美……

2 绿田建莲（建选 17）

推荐语：清香如怡，粉糯回甘

星级：
熊猫指数：**89**

→ 感官关键词：香气较浓郁、口感软面、细腻顺滑
→ 企业名称：福建闽江源绿田实业投资发展有限公司
→ 采收时间：6 月 ~10 月
→ 销售渠道：绿田闽江源实体店
→ 企业负责人：田继延　电话：15959139988
→ 销售联系人：朱华　电话：18705980037
→ 基地地址：福建省三明市建宁县均口镇修竹村
→ 如何到达：从福州市出发，途经甬莞高速、莆炎高速，全程 375.1 千米，耗时 4 小时 5 分钟

　　建莲，福建省建宁县特产，中国国家地理标志产品。这里阳光充足、雨量充沛，夏季早晚温差大，非常适合莲子的生长。这里的莲子外观粒大饱满，圆润洁白，色如凝脂。建莲属于睡莲科多年生水生草本植物，系金铙山红花莲与白花莲的天然杂交种，历史上也被誉为"莲中极品"。它用途广泛，浑身是宝，是较好的养心安神高级滋补品，明代李时珍在《本草纲目》中对莲的通身药用价值有很高的评价。

3 安心有味百香果（钦蜜9号）

推荐语：安心有味更放心的百香果

星级：
熊猫指数：**89**

➔ **感官关键词：**果香浓郁、浓甜带酸、顺滑多汁
➔ **企业名称：**龙岩安心农产品有限公司
➔ **采收时间：**8月~11月
➔ **企业负责人：**吴兰玉　电话：18805069939
➔ **销售联系人：**吴兰玉　电话：18805069939
➔ **基地地址：**龙岩市上杭县临城镇南岗工业区
　　　　　　　兴杭路28号
➔ **如何到达：**从龙岩市出发，途经长深高速，
　　　　　　　全程88千米，耗时1小时

　　福建省处于北纬23°33′~28°20′之间，年平均降雨量1400~2000毫米。生态条件好、雨量充沛、光照充足、昼夜温差大等气候条件非常适宜百香果的生长。这里孕育的钦蜜9号百香果吃起来两分酸八分甜，汁水充盈，种子脆韧，带来舌尖的甜蜜享受，甜度高达20，打破了人们印象中百香果味道偏酸的认知。

4 庄怡果业葡萄柚（葡萄柚）

推荐语：鲜甜葡萄柚，果肉柔嫩，一口爆汁

星级：
熊猫指数：**89**

→ **感官关键词**：清甜微苦、汁水丰富、细腻化渣
→ **企 业 名 称**：漳州市庄怡农业发展有限公司
→ **采 收 时 间**：10 月~12 月
→ **企 业 负 责 人**：庄鑫中　电话：13906062474
→ **销 售 联 系 人**：曹世健　电话：15805917057
→ **基 地 地 址**：福建省漳州市平和县小溪镇联光村
→ **如 何 到 达**：从厦门市出发，途经厦蓉高速、甬莞高速，全程 116.2 千米，耗时 1 小时 24 分钟

庄怡果业葡萄柚产自中国蜜柚之乡——福建漳州。其表皮色泽鲜亮，个头娇小，果肉丰盈，切开一颗葡萄柚，薄薄的外皮包裹着饱满多汁的果肉，肉质鲜嫩爽口，尝上一口，甘洌清甜的汁水瞬间沁入心田，回味无穷。

5 河龙贡米（河龙贡米 1 号）

推荐语：千年贡米，米中臻品；好山好水，精耕细作

星级：
熊猫指数：**86**

➡ **感官关键词**：洁白透明、米饭微香、软硬适中
➡ **企业名称**：宁化县河龙贡米米业有限公司
➡ **采收时间**：10 月 ~11 月
➡ **销售渠道**：福建中石化易捷便利店
➡ **企业负责人**：陈伟洪　电话：13859400229
➡ **销售联系人**：梁劲　电话：15711566808
➡ **基地地址**：福建省三明市宁化县河龙乡下伊村
➡ **如何到达**：从厦门机场出发，途经永漳高速、泉南高速，全程 321.3 千米，耗时 3 小时 23 分钟

　　河龙贡米，福建省宁化县河龙乡特产，中国国家地理标志产品。因其产自宁化县河龙乡而得名。宁化县属中亚带季风湿润型山地气候，四季分明，光照充足，年平均气温16.2℃，特别符合河龙贡谷的生长要求，使植株的营养生长和生殖生长时间延长，植株体内的有机养分不断积累转化，稻株表现为穗大粒多，籽粒饱满，千粒重大，谷粒发育充分完整，生产出来的河龙贡米蛋白质、支链淀粉含量丰富，口感好。

6 建绿梨（乡玉）

推荐语：绿皮白肉，淡香翠玉

星级：
熊猫指数：**84**

→ 感官关键词：甜味浓郁、爽脆多汁、细腻无渣
→ 企 业 名 称：建宁县绿源果业有限公司
→ 采 收 时 间：7 月 ~8 月
→ 企业负责人：黄燕梅　电话：15345052841
→ 销售联系人：黄燕梅　电话：15345052841
→ 基 地 地 址：福建省三明市建宁县溪口镇枧头村
→ 如 何 到 达：北京到龙岩，飞行距离 1862 千米，耗时 2 小时 45 分。从龙岩市出发，途经永漳高速、莆炎高速，全程 290 千米，耗时 3 小时 18 分钟

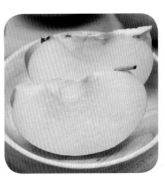

7 三朵银花银耳（银耳）

推荐语：世界银耳看古田，古田银耳看三朵银花

星级：
熊猫指数：**84**

→ 感官关键词：滋味鲜甜、口感微脆、肉质细嫩
→ 企 业 名 称：宁德晟农农业开发有限公司
→ 采 收 时 间：全年
→ 销 售 渠 道：银耳姐姐、三朵银花银耳蘽淘宝旗舰店、三朵银花抖音旗舰店
→ 企业负责人：郑开亮　电话：18016789588
→ 销售联系人：郑小琴　电话：18016789588
→ 基 地 地 址：福建省宁德市古田县城东街道国有农场西丰路
→ 如 何 到 达：从福州机场出发，途经福州机场高速、京台高速，全程 144.2 千米，耗时 1 小时 53 分钟

8 姚淑先银耳（本草银耳）

推荐语：本草银耳之父，专注本草银耳

星级：
熊猫指数：**84**

→ **感官关键词**：菌香明显、口感黏稠、滋味清爽
→ **企业名称**：姚淑先（厦门）生物科技有限公司
→ **采收时间**：5 月~10 月
→ **企业负责人**：张伟龙　电话：18559648555
→ **销售联系人**：美芳　电话：15506938858
→ **基地地址**：福建省宁德市古田县大桥镇潮洋村
→ **如何到达**：从福州市出发，途经福州机场高速、
京台高速，全程 180 千米，耗时
2 小时 49 分钟

9 黄建新度尾文旦柚（文旦柚）

推荐语：柚中精品，唯我建新

星级：
熊猫指数：**84**

→ **感官关键词**：清甜微酸、汁水丰富、果肉较细腻
→ **企业名称**：仙游县建新果业专业合作社
→ **采收时间**：9 月~10 月
→ **企业负责人**：黄建新　电话：13607534692
→ **销售联系人**：黄晓军　电话：15260209333
→ **基地地址**：福建省莆田市仙游县大济镇溪口村
→ **如何到达**：从福州市出发，途经甬莞高速，全程 127.3 千米，耗时 1 小时 33 分钟

10　品见初心百香果（钦蜜 9 号）

推荐语：见初心，种好果，传美名

星级：
熊猫指数：**84**

→ **感官关键词：** 果香馥郁、酸甜可口、爽滑多汁
→ **企 业 名 称：** 武平初心农业发展有限公司
→ **采 收 时 间：** 5 月~10 月
→ **企业负责人：** 吕维栋　　电话：13666061236
→ **销售联系人：** 吕维栋　　电话：13666061236
→ **基 地 地 址：** 福建省龙岩市武平县中山镇龙济村
→ **如 何 到 达：** 由厦门市出发，途经夏蓉高速，长深高速，全程 277.9 千米，耗时 3 小时 25 分钟

11　陶果兄百香果（钦蜜 9 号）

推荐语：可以直接吃的百香果

星级：
熊猫指数：**84**

→ **感官关键词：** 酸甜可口、滋味浓郁、籽软肉细
→ **企 业 名 称：** 漳州佳多果生态农业开发有限公司
→ **采 收 时 间：** 5 月~9 月
→ **销 售 渠 道：** 多多买菜区域店
→ **企业负责人：** 王文陶　　电话：18695628076
→ **销售联系人：** 王文陶　　电话：18695628076
→ **基 地 地 址：** 福建省漳州市平和县小溪镇吉祥路 1 号
→ **如 何 到 达：** 从厦门市出发，途经厦蓉高速、甬莞高速，全程 117.5 千米，耗时 1 小时 36 分

12 富达杨桃（香蜜）

推荐语：初恋的味道

星级：
熊猫指数：**84**

- → 感官关键词：清甜微酸、口感细嫩、爽脆多汁
- → 企 业 名 称：云霄县富达农民专业合作社
- → 采 收 时 间：每年 11 月 ~ 次年 4 月
- → 企业负责人：蔡银水　电话：15059205214
- → 销售联系人：蔡银水　电话：15059205214
- → 基 地 地 址：福建省漳州市云霄县下河乡下河村富达杨桃园
- → 如 何 到 达：厦门高铁到漳州，距离 50 千米，耗时 29 分钟。从漳州市出发，途经 S207、甬莞高速，全程 96.6 千米，耗时 1 小时 28 分钟

13 曦诺心坊杨桃（香蜜）

推荐语：一颗可以给家人吃的树上熟阳桃

星级：
熊猫指数：**82**

- → 感官关键词：清甜微酸、多汁爽口、果肉细腻
- → 企 业 名 称：厦门时维科技有限公司
- → 采 收 时 间：每年 11 月 ~ 次年 3 月
- → 企业负责人：张建娥　电话：13959249802
- → 销售联系人：张建娥　电话：13959249802
- → 基 地 地 址：福建省漳州市云霄县东山支线
- → 如 何 到 达：从厦门市出发，途经同招支线、沈海高速，全程 150 千米，耗时 2 小时

14 优原女王百香果（福建 3 号）

推荐语：泡在氧吧的武平百香果

星级：🌱
熊猫指数：**81**

- → **感官关键词**：甜酸适中、口感较顺滑、汁水较丰富
- → **企业名称**：福建武平县优达农业开发有限公司
- → **采收时间**：8 月 ~11 月
- → **销售渠道**：网易严选、苏宁易购、盒马鲜生、大润发、元初、易果
- → **企业负责人**：王秀珍　电话：15060411031
- → **销售联系人**：王丽珍　电话：15060411031
- → **基地地址**：福建龙岩市武平县优达农业百香果基地
- → **如何到达**：从龙岩市出发，途经长深高速、漳武高速，全程 126 千米，耗时 1 小时 27 分钟

15 古双合金耳（金耳）

推荐语：食用菌之都山泉水下的金耳

星级：🌱
熊猫指数：**81**

- → **感官关键词**：鲜味突出、口感软糯、细腻无纤维
- → **企业名称**：古田县双耳食用菌专业合作社
- → **采收时间**：全年
- → **销售渠道**：古双合抖音旗舰店
- → **企业负责人**：杨克亮　电话：13395939709
- → **销售联系人**：杨克亮　电话：13395939709
- → **基地地址**：福建宁德市古田县卓洋乡树兜村
- → **如何到达**：从福州机场出发，途经福州机场高速、京台高速，全程 166.8 千米，耗时 2 小时 4 分钟

甘肃
2023

1 百合宝宝百合（兰州甜百合）

推荐语：IT精英回乡创业，有机种植甜百合

星级：
熊猫指数：**89**

→ **感官关键词**：鳞片肥厚、浓甜微苦、口感脆嫩
→ **企 业 名 称**：会宁县高原夏菜种植农民专业合作社
→ **采 收 时 间**：3月、10月–11月
→ **销 售 渠 道**：有好东西、春播、虫妈邻里团
→ **企业负责人**：任笃之　电话：13993168680
→ **销售联系人**：任笃之　电话：13993168680
→ **基 地 地 址**：甘肃省会宁县刘家寨子镇元垴村
→ **如 何 到 达**：从兰州市出发，途经京藏高速、S308，全程253.2千米，耗时4小时17分钟

　　百合宝宝百合产自甘肃会宁，这里属大陆性半干旱气候，四季分明，冬夏长，春秋短，雨热同季，土壤的pH值在8以上。作为可生食百合，需要3年后移植栽种，第6年才可收获，可谓吸收了日月之精华，聚集了大地之灵气。

　　百合宝宝百合鳞片饱满肥厚，口感如马蹄般爽脆清甜，是全国少见的食药两用甜百合。营养极高，有润肺、祛痰、止咳、健胃、安心定神、促进血液循环、清热利尿等功效。

2 二姐沙漠农场蜜瓜（白兰瓜）

推荐语：民勤蜜瓜，沙漠淘金

星级：
熊猫指数：**89**

→ 感官关键词：香甜可口、汁水丰富、肉软细腻
→ 企 业 名 称：甘肃小鲜果农产品有限公司
→ 采 收 时 间：6 月~8 月
→ 企业负责人：段金玲　电话：18614083310
→ 销售联系人：唐霄　电话：13436703310
→ 基 地 地 址：甘肃省民勤县苏武镇西湖二社顺丰对
　　　　　　　面二姐沙漠农场
→ 如 何 到 达：从兰州市出发，途经连霍高速、北仙
　　　　　　　高速，全程 379.4 千米，耗时 4 小时 25 分钟

　　二姐沙漠农场蜜瓜产自甘肃民勤，这里拥有得天独厚的地理优势，日光资源丰富，年均日照时数 3000 小时，昼夜温差较大，带给白兰瓜不一样的甜。

　　随便挑一个白兰瓜，切开的瞬间便散发出悠悠的果香，嫩滑的瓜肉，丰盈的汁水，甜得纯粹自然，一点都不会腻！放一个在屋里不一会儿就会满屋飘香！不用考虑哪个部位更甜，它从瓜心甜到边缘，从舌尖淌到心尖。香甜绵密，每一口都像在吃冰激凌。水润甘甜，伴着清香，连挨着瓜皮的部分都是甜丝丝的。

3 花牛先生苹果（花牛）

推荐语：秦安花牛就是好吃

星级：🌱
熊猫指数：**89**

➡ **感官关键词**：果香清爽、甜中带酸、口感细面
➡ **企 业 名 称**：秦安县平林农业开发有限公司
➡ **采 收 时 间**：9 月~10 月
➡ **企业负责人**：周彦平　电话：13321387008
➡ **销售联系人**：周彦平　电话：13321387008
➡ **基 地 地 址**：甘肃省天水市秦安县兴国镇蔡店工业小区 82 号
➡ **如 何 到 达**：从兰州机场出发，途经青兰高速、天巉公路，全程 315 千米，耗时 4 小时 10 分钟

　　甘肃花牛苹果，以其上乘的品质和独特的风味享誉中外，与美国蛇果、日本富士齐名，被称为世界三大苹果品牌。"花牛苹果"之所以出名，离不开其得天独厚的地理条件和自然资源。天水横跨黄河和长江两大水系，全年日照时数达 2000 小时以上，四季分明，雨水适中，依靠自然流淌的山泉水灌溉，很适合苹果生长。这里的苹果不仅色泽饱满、个大核小，自带香水味，其细腻的肉质还会随着时间变化产生不同口感，既爽脆多汁又粉糯香甜。

4 百合世家百合（兰州百合）

推荐语：20 年只为一棵好百合

星级：
熊猫指数：**84**

→ 感官关键词：滋味浓甜、余味持久、口感硬脆
→ 企 业 名 称：兰州金德百合商贸有限公司
→ 采 收 时 间：3 月，10 月 ~11 月
→ 企 业 负 责 人：王通　电话：13893385131
→ 销售联系人：祝灵　电话：18294420540
→ 基 地 地 址：甘肃省兰州市西固区金沟乡鸭儿洼 61 号
→ 如 何 到 达：从兰州机场出发，途经机场高速、兰州南绕
　　　　　　　城高速，全程 66.9 千米，耗时 1 小时 1 分钟

5 护山情苹果（花牛）

推荐语：会宁花牛，有味道的苹果

星级：
熊猫指数：**84**

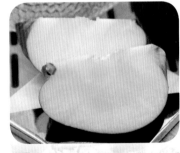

→ 感官关键词：果香较浓郁、高甜微酸、口感细面
→ 企 业 名 称：甘肃护山情农业发展有限公司
→ 采 收 时 间：9 月 ~10 月
→ 企 业 负 责 人：胡强　电话：17379170202
→ 销售联系人：胡强　电话：17379170202
→ 基 地 地 址：甘肃省白银市会宁县郭城驿镇驮营村
→ 如 何 到 达：从兰州机场出发，途经胶海线、G247，
　　　　　　　全程 160 千米，耗时 2 小时 37 分钟

6 冒冒粮苹果（富士）

推荐语：甘肃苹果，果香浓郁，脆甜多汁，健康美味

星级：
熊猫指数：**83**

- ➡ 感 官 关 键 词：酸甜可口、爽脆多汁、口感细腻
- ➡ 企 业 名 称：秦安县闫家沟农业专业合作社
- ➡ 采 收 时 间：10 月
- ➡ 企业负责人：闫丁旺　电话：13321385902
- ➡ 销售联系人：闫丁旺　电话：13321385902
- ➡ 基 地 地 址：甘肃省天水市秦安县五营镇闫家沟村
- ➡ 如 何 到 达：从兰州机场出发，途经青兰高速、静天高速，
  全程 379.5 千米，耗时 4 小时 40 分钟

7 万佳欣禾荞麦米（榆荞 4 号）

推荐语：五谷之王，优越的环境，造就好杂粮

星级：
熊猫指数：**82**

- ➡ 感 官 关 键 词：麦香浓郁、口感细腻、完整饱满
- ➡ 企 业 名 称：甘肃万佳现代农牧业发展服务有限公司
- ➡ 采 收 时 间：9 月 ~10 月
- ➡ 企业负责人：许清云　电话：18034601789
- ➡ 销售联系人：许清云　电话：18034601789
- ➡ 基 地 地 址：甘肃省庆阳市环县环江工业园区甘肃万佳现代
  农牧业发展服务有限公司
- ➡ 如 何 到 达：从兰州市出发，途经京藏高速、银百高速，全
  程 522.5 千米，耗时 5 小时 37 分钟

8 养慕鸡尾酒番茄（YOOM）

推荐语：吃番茄 选紫色

星级：🌱
熊猫指数：**82**

→ **感官关键词**：酸甜平衡、肉质紧实、汁水丰富
→ **企 业 名 称**：中化现代农业有限公司
→ **采 收 时 间**：全年
→ **销 售 渠 道**：叮咚买菜
→ **企业负责人**：林永顺　电话：13864801098
→ **销售联系人**：孟强　电话：15600443545
→ **基 地 地 址**：甘肃省武威市古浪县干城乡富民新村
→ **如 何 到 达**：从兰州机场出发，途经乌玛高速、定武高速，全程 224.5 千米，耗时 2 小时 29 分钟

一颗紫黑色的番茄

一天，熊猫指南感官实验室收到一款特殊食材——紫黑色的西红柿。这款西红柿名叫养慕（YOOM），其种子来自先正达集团瑞士育种团队，并由中化现代农业有限公司在中国的MAP农场大面积种植。YOOM拥有让人惊艳的外表，带有独特的五角星果蒂，荣获"柏林果蔬展创新金奖"。先正达的种子业务团队想知道中国消费者如何看待这款产品。

于是，熊猫指南启动了对一颗番茄的风味研究。

番茄是全球栽培最广、消费量最大的蔬菜作物，中国是世界上最大的番茄生产和消费国之一。在国人的印象中，番茄以大番茄为主，是国民菜西红柿炒鸡蛋的主角。近年来，口感番茄，也就是小番茄逐渐流行起来。它拥有小巧如水果般的外观，其果腹感也受到健康人士的欢迎。YOOM就属于小番茄。

熊猫指南科研团队采购了市售的主要小番茄，先对它们进行了数据分析。在对比这些小番茄的气味、滋味、外形、口感等数据后我们发现，小番茄的喜好度受酸度低、甜度高、汁水丰富、沙感强、硬度低、香气浓郁程度高等指标的影响，同时，番茄红素含量也是一个重要指标。在这些指标中，糖度高、番茄红素含量高是两个最重要的指标。

当我们再对YOOM番茄进行测评后，问题出现了。YOOM番茄不够甜，番茄红素极低，那么消费者会不会喜欢这款番茄呢？

带着这个问题，熊猫指南感官实验室扩大了番茄风味的测评范围，并对消费者的反馈进行分析，对YOOM番茄的风味密码进行进一步解析。

通过更大范围的数据测评，熊猫指南科研团队发现，YOOM番茄红素低的原因是其花青素超高，这两个指标是反向指标，而花青素的营养价值远高于番茄红素。于是，原本的劣势成了YOOM番茄的优势，从而成就了一颗"媲美蓝莓的小番茄"。

糖度不高为什么还受到消费者的欢迎呢？原来，在以中日韩为代表的东亚地区，消费者普遍喜欢偏甜的小番茄，但在欧美地区，消费者喜欢酸甜平衡的小番茄，YOOM是根据欧美消费者的口感喜好度研发的新品种。随着

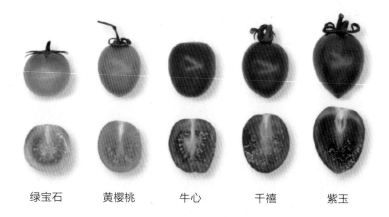

| 绿宝石 | 黄樱桃 | 牛心 | 千禧 | 紫玉 |

国内人们对健身、健康越来越重视，这种酸甜平衡的口感反而容易被消费者所接受，熊猫指南因而给了销售建议："YOOM 是一款低糖健康的小番茄"。

于是，原本的两大核心劣势均变成了核心优势。

除了上述两项风味特点，熊猫指南感官实验室还根据消费者反馈大数据，分析出 YOOM 的三个特点：一是 YOOM 番茄拥有独特的氨基酸鲜味，这是 YOOM 本身带出来的味道，YOOM 不是转基因产品，消费者大可放心食用；二是口感爆浆，这能被消费者轻易感受到；三是很多消费者喜欢YOOM，只是因为它的颜值，它有惊艳的紫黑色外表和独特的五角星形状的果蒂。

这就是风味密码的意义所在，一款不甜、番茄红素又低的小番茄受到消费者欢迎，是因为这五大卖点：

- 花青素超高
- 低糖健康
- 拥有氨基酸的鲜味
- 口感爆浆
- 外观惊艳

没想到吧！正是因为 YOOM 拥有上述风味密码，从而成为市场上的一款爆品，都乐、佳农等大型农业渠道先后对其进行包销。

通过 YOOM 小番茄，熊猫指南团队深刻意识到：中国不缺好的产品，但很多好的产品没有把自己的"好"讲清楚。

广东
2023

1 源蜜木瓜（大青）

推荐语：甜蜜冰糖木瓜，忘不掉的新鲜美味

星级：
熊猫指数：**89**

→ **感官关键词：** 清香扑鼻、高甜无酸、细腻软嫩
→ **企业名称：** 湛江市源蜜农业有限公司
→ **采收时间：** 8 月~12 月
→ **销售渠道：** 果然生鲜坊淘宝店
→ **企业负责人：** 李志惠　电话：18319348883
→ **销售联系人：** 李志惠　电话：18319348883
→ **基地地址：** 广东省湛江市雷州市调风镇题桥村
→ **如何到达：** 从湛江机场出发，途经沈海高速、X691，全程 132.9 千米，耗时 1 小时 52 分钟

　　源蜜木瓜，雷州半岛火山岩的馈赠。雷州半岛位于中国大陆最南端，东临南海，右靠北部湾，以火山熔岩地为主，其火山土壤孕育丰富的养分，造就了源蜜木瓜非同寻常的口感。

　　切开一颗源蜜木瓜，汁水沿着果肉流淌，浸润橙红艳丽的果肉，散发出天然木瓜香气。果肉甜中带着蜜香和清甜，味觉层次馥郁而不单调，是值得细细回甘的绝佳口感。

2 华荔转身荔枝（糯米糍）

推荐语：一颗"水晶丸"，深山岛屿出，无愧"荔枝王"

星级：
熊猫指数：**89**

➡ **感官关键词**：皮薄核小、肉脆多汁、高甜细腻
➡ **企业名称**：东莞市咚咚象商贸有限公司
➡ **采收时间**：6月~7月
➡ **企业负责人**：周禹　电话：15362052808
➡ **销售联系人**：周禹　电话：15362052808
➡ **基地地址**：广东省东莞市黄江镇长龙村
➡ **如何到达**：从深圳市出发，途经珠三角环绕高速、清龙路，全程39千米，耗时55分钟

　　华荔转身荔枝属于"糯米糍"品种。平均单果重25克左右，核小果大的特点使糯米糍荔枝的可食率提高至85%左右。它的果皮颜色鲜红，扁心形，果肩一边隆起，表皮龟裂片隆起，裂片峰平滑，缝合线明显，莹莹糯糯，泛着半透明的光泽，如同琥珀一般，入口时汁水爆开，风味馥郁，吃一口便让人念念不忘。

3 荔枝妹妹荔枝（仙香糯）

推荐语：三位 80 后女孩创业打造的励志荔

星级：
熊猫指数：**89**

→ **感官关键词：**香味明显、浓甜多汁、果肉紧实
→ **企 业 名 称：**茂名市电白区峰润种养殖专业合作社
→ **采 收 时 间：**6 月
→ **销 售 渠 道：**有量店铺"荔枝妹妹"旗舰店
→ **企业负责人：**黄春燕　电话：13725540093
→ **销售联系人：**黄春燕　电话：13725540093
→ **基 地 地 址：**广东省茂名市电白区龙湾区村委向北 2 千米
→ **如 何 到 达：**从深圳市出发，途经广州绕城高速、沈海高速，全程 360 千米，耗时 4 小时

　　仙香糯孕育在中国荔枝的核心产地——茂名。它口感细腻、松软多汁、肉质厚实，小核率高达 95% 以上，远高于桂味和糯米糍。吃一口下去像一个蜜糖炸弹，爆裂在舌尖，甜入心扉。

4 九峰山黄金柰李（黄金柰李）

推荐语：乐昌黄金柰李，个大，皮脆，肉厚，好品质看得见

星级：🌱
熊猫指数：**89**

➜ **感官关键词：** 个大肉厚、甜酸浓郁、细嫩紧实
➜ **企 业 名 称：** 乐昌市九峰镇绿峰果菜专业合作社
➜ **采 收 时 间：** 7月~8月
➜ **企业负责人：** 潘国平　电话：13542259255
➜ **销售联系人：** 潘国平　电话：13542259255
➜ **基 地 地 址：** 广东省韶关市乐昌市九峰镇横坑村
➜ **如 何 到 达：** 北京到韶关，飞行距离1887千米，耗时2小时45分钟。从韶关机场出发，途经X323、S248，全程62.3千米，耗时1小时29分钟

　　乐昌是中国黄金柰李原产地，这里夏季独特的温差带给了黄金柰李独特的风味，北纬25°的气候条件更是赋予了它18的甜度。黄金奈李果皮颜色金黄，像一枚晶莹剔透的琥珀，闻起来带着独特果香，吃起来清甜可口、肉质鲜嫩、让人回味无穷。

5 木子金柚（沙田柚）

推荐语：家种百颗柚，好比开金库

星级： 🌱
熊猫指数：**88**

➡ 感官关键词：甘甜清爽、口感脆嫩、汁水适中
➡ 企 业 名 称：广东李金柚农业科技有限公司
➡ 采 收 时 间：10 月 ~11 月
➡ 企业负责人：李永生　　电话：13902789871
➡ 销售联系人：李永生　　电话：13902789871
➡ 基 地 地 址：广东省梅州市梅县区松口镇石盘村
➡ 如 何 到 达：从揭阳市出发，途经汕昆高速、梅龙高速，全程 151.7 千米，耗时 2 小时 18 分钟

木子金柚产自"中国金柚之乡"——广东省梅州市。基地严格按照人工初选、机器筛选、柚子糖化、测糖仪检测、品柚师品五大步骤后方能上市。木子金柚集美味、健康、颜值于一身，富含多种维生素，能补充人体所需的能量，肉质脆嫩爽口，纯甜不酸，深受消费者的喜爱。

6 红江牌红江橙（红江橙）

推荐语：十月"怀胎"，彰显诚心"橙"意

星级：
熊猫指数：**88**

→ **感官关键词**：皮薄圆润、酸甜平衡、汁水丰富
→ **企业名称**：广东农垦红江农场有限公司
→ **采收时间**：每年 11 月～次年 1 月
→ **销售渠道**：红江水果天猫旗舰店
→ **企业负责人**：韦球明　电话 13652859586
→ **销售联系人**：韦球明　电话 13652859586
→ **基地地址**：广东省廉江市青平镇红江农场
→ **如何到达**：从湛江市出发，途经丹东线、广南线，全程 71.8 千米，耗时 1 小时 36 分钟

　　红江橙，产于"中国红江橙之乡"广东省湛江市红江农场。红江橙果大形好、皮薄光滑、果肉橙红、肉质柔嫩、多汁化渣、甜酸适中、风味独特，在国内被誉为"人间仙桃"，是我国柑橙的名优新品种。红江橙从它的发现、选育成功至今已有近三十年的历史，现已成为一个稳定、早结、丰产、优质的新品种。

7 三角湖鹰嘴桃（鹰嘴桃）

推荐语：吃得明白，吃得放心

星级：
熊猫指数：**85**

→ **感官关键词**：清脆爽口、纯甜无酸、果肉细腻
→ **企业名称**：连平县上三角湖种植有限公司
→ **采收时间**：6月~7月
→ **企业负责人**：文润培　电话：13713820722
→ **销售联系人**：文润培　电话：13713820722
→ **基地地址**：广东省河源市连平县上坪镇三角湖
→ **如何到达**：从河源市出发，途经龙河高速、汕昆高速、大广高速，全程127.5千米，耗时1小时37分钟

　　脆甜桃的品种有很多，其中又以鹰嘴桃比较特别。鹰嘴蜜桃因桃果带鹰嘴钩状而得其名。它的生长周期在120天以上，属中晚熟品种。7月初桃子开始成熟，成熟后的桃子果皮颜色以青红相间为主，表面绒毛较多；果肉呈淡黄色，靠近果核处为红色。经过熊猫指南的测评，鹰嘴桃的可溶性固形物含量为14.4%，最高可达17%。

8 挂荔牌增城丝苗米（增城丝苗）

推荐语：核心地块，正宗丝苗

星级：
熊猫指数：**85**

→ **感官关键词**：洁白细长、软硬适中、米饭清甜
→ **企 业 名 称**：广州增城区新塘粮食管理所有限公司
→ **采 收 时 间**：6 月，11 月
→ **销 售 渠 道**：广州增城区新塘粮食管理所微信公众号
→ **企业负责人**：区展鹏　电话：13602471084
→ **销售联系人**：区展鹏　电话：13602471084
→ **基 地 地 址**：广东省广州市增城区派潭镇
→ **如 何 到 达**：从广州市出发，途经 S15 沈海高速广州支线、S2 广河高速、S29 从莞深高速，全程 87.9 千米，耗时 1 小时 22 分钟

广东丝苗米，尤以增城的最负盛誉，被誉为"米中碧玉"。增城丝苗米稻谷较小，米粒细长苗条，油质丰富，晶莹洁白，米泛丝光。饭粒软滑，口感柔软，软而不黏。独特的米香沁人心脾，让增城人的记忆里满是家的味道。

9 玉龙洞真姬菇（真姬菇）

推荐语：玉龙洞真姬菇为你的生活添魔力

星级：
熊猫指数：**84**

→ 感官关键词：新鲜洁净、滋味鲜甜、滑嫩微脆
→ 企业名称：韶关市星河生物科技有限公司
→ 采收时间：全年
→ 企业负责人：翁伟玲　电话：13926827427
→ 销售联系人：翁伟玲　电话：13926827427
→ 基地地址：广东省韶关市曲江区白土工业城韶关市星河生物科技有限公司
→ 如何到达：广州乘坐高铁到韶关，距离 242 千米，耗时 51 分钟。从韶关市出发，途经芙阳路、铜鼓大道，全程 22.4 千米，耗时 40 分钟

10 深爱遥田番茄（深爱系列）

推荐语：深爱系列番茄，果肉鲜嫩，口口爆汁

星级：
熊猫指数：**84**

→ 感官关键词：圆润小巧、酸甜浓郁、微脆爆汁
→ 企业名称：新丰县之遥农业科技有限公司
→ 采收时间：全年
→ 企业负责人：陈麒而　电话：13922593303
→ 销售联系人：陈麒而　电话：13922593303
→ 基地地址：广东省韶关市新丰县遥田镇长安村
→ 如何到达：从韶关机场出发，途经京港澳高速、X361，全程 146.3 千米，耗时 2 小时 9 分钟

11 黄志强荔枝（冰荔）

推荐语：全国仅此一家的蜜味儿甜荔枝

星级：
熊猫指数：**84**

→ 感官关键词：滋味浓郁、核小肉厚、细腻多汁
→ 企业名称：东莞市冰荔农业科技发展有限公司
→ 采收时间：6 月~7 月
→ 企业负责人：黄志强　电话：13827233195
→ 销售联系人：黄志强　电话：13827233195
→ 基地地址：广东省东莞市厚街镇大经社区
→ 如何到达：从深圳市出发，途经京港澳高速、广龙高速，
　　　　　　全程 60 千米，耗时 1 小时

12 黄金九号黄晶果（龙飞 1 号）

推荐语：神秘黄晶果，冰激凌的感觉

星级：
熊猫指数：**84**

→ 感官关键词：纯甜浓郁、口感绵软、顺滑多汁
→ 企业名称：广东龙飞生物有限公司
→ 采收时间：6 月~8 月
→ 企业负责人：江树锋　电话：15302271865
→ 销售联系人：江树锋　电话：15302271865
→ 基地地址：广东省江门台山市神秘果产业园
→ 如何到达：从广州机场出发，途经佛清从高速、
　　　　　　沈海高速，行程 200 千米，耗时
　　　　　　3 小时

13 粤北九峰黄金柰李（黄金柰李）

推荐语：酸甜可口，回味无穷，保留柰李天然的味道

星级：
熊猫指数：**84**

→ 感官关键词：个大肉厚、甜酸可口、细腻多汁
→ 企 业 名 称：乐昌市九峰阿坚水果专业合作社
→ 采 收 时 间：7 月 ~8 月
→ 企业负责人：薛坚雄　电话：13570760791
→ 销售联系人：薛坚雄　电话：13570760791
→ 基 地 地 址：广东省韶关市乐昌市九峰镇坪石村
→ 如 何 到 达：从韶关机场出发，途经 X323、S248，全
　　　　　　　程 63.7 千米，耗时 1 小时 35 分钟

14 薛朋菠萝（巴厘）

推荐语：热带火山口地质、红泥土下种植出来的金菠萝

星级：
熊猫指数：**84**

→ 感官关键词：果香浓郁、酸甜可口、爽脆多汁
→ 企 业 名 称：徐闻县曲界镇薛朋家庭农场
→ 采 收 时 间：3 月 ~6 月
→ 企业负责人：薛朋　电话：13822571148
→ 销售联系人：薛善友　电话：16620377349
→ 基 地 地 址：广东省湛江市徐闻县曲界镇薛朋家庭农场
→ 如 何 到 达：从湛江机场出发，途经沈海高速、X693，
　　　　　　　全程 191 千米，耗时 2 小时 21 分

15 南派农场菠萝（巴厘）

推荐语：甜如蜜的菠萝

星级：
熊猫指数：**83**

→ **感官关键词**：果香明显、酸甜浓郁、口感爽脆
→ **企业名称**：广东南派食品有限公司
→ **采收时间**：4 月~9 月
→ **企业负责人**：戴华金　电话：13590006300
→ **销售联系人**：戴华金　电话：13590006300
→ **基地地址**：广东省湛江市雷州市英利镇南派农场
→ **如何到达**：从湛江机场出发，途经沈海高速，全程 148.1
　　　　　　 千米，耗时 1 小时 41 分钟

16 红土金菠金钻凤梨（台农 17 号）

推荐语：良品生活，源自农垦

星级：
熊猫指数：**81**

→ **感官关键词**：酸甜平衡、果肉爽脆、多汁细腻
→ **企业名称**：广东农垦红星农场有限公司
→ **采收时间**：3 月~6 月
→ **企业负责人**：李敏　电话：13822572600
→ **销售联系人**：李敏　电话：13822572600
→ **基地地址**：广东省湛江市徐闻县红星农场
→ **如何到达**：从湛江机场出发，途经湖光快线、G15 沈海高速、
　　　　　　 693 县道，全程 163 千米，耗时 2 小时 21 分钟

17 丹霞谢柚（沙田柚）

推荐语：丹霞红土地上，慢生活，好结果

星级：🌱
熊猫指数：**80**

→ **感官关键词：** 滋味甘甜、略带苦味、果肉脆嫩
→ **企业名称：** 韶关金喆园生态农业科技有限公司
→ **采收时间：** 10 月 ~11 月
→ **销售渠道：** 丹霞谢柚淘宝店
→ **企业负责人：** 谢坤佑　电话：13600218920
→ **销售联系人：** 谢坤佑　电话：13600218920
→ **基地地址：** 广东省韶关市仁化县大桥镇长坝村委会廖子坑村小组
→ **如何到达：** 从广州市出发，途经乐广高速、南韶高速，全程 216.9 千米，耗时 2 小时 31 分

广西

2023

1 富乐园金橘（滑皮金橘）

推荐语：农痴"田间科学家"的坚守，让滑皮金橘成为融安名片

星级：
熊猫指数：**90**

➡ **感官关键词：**浓甜无酸、汁水丰富、化渣性好
➡ **企业名称：**融安县富乐园水果专业合作社
➡ **采收时间：**每年 12 月~次年 3 月
➡ **企业负责人：**韦成兴　电话：13597272030
➡ **销售联系人：**韦成兴　电话：13597272030
➡ **基地地址：**广西壮族自治区柳州市融安县大将镇富乐村
➡ **如何到达：**从南宁市出发，途经泉南高速、三北高速，全程 385.7 千米，耗时 5 小时 20 分钟

　　富乐园金橘产自中国金橘之乡——广西融安。这颗小金果可食用率近100%。它表皮光滑，圆润饱满、甜脆多汁、从皮甜到心里，甜度能够超越以甘甜著称的桂圆，故又称"甜心橘"。即使果皮还泛着青绿色，它的糖度也能在 18 以上，打破了大家对普通金橘的认知。富乐园金橘富含丰富的维生素 C（其中 80% 在皮中）、维生素 P、具有防治心脑血管疾病、调节血压和防治感冒等功效。

2 糖聚金橘（脆蜜金橘）

推荐语：糖聚，甜蜜的味道

星级：
熊猫指数：**89**

→ 感 官 关 键 词：个大饱满、浓甜多汁、口感细脆
→ 企 业 名 称：广西融安爱田农业发展有限公司
→ 采 收 时 间：每年 11 月～次年 2 月
→ 企业负责人：陈名钢　　电话：18677284277
→ 销售联系人：陈名钢　　电话：18677284277
→ 基 地 地 址：广西壮族自治区柳州市融安县大将镇金桔示范基地
→ 如 何 到 达：从桂林市出发，途经桂河高速、三南高速，全程 135 千米，耗时 1 小时 30 分钟

　　脆蜜金橘是滑皮金橘芽变选种而来的，它的果肉是四倍体，果皮是二倍体，因此长得圆圆壮壮的。为保证产品质优味美，基地全程通过分拣机和人工挑选，使每一枚脆蜜金橘皆为上上品。糖聚金橘的所有果子皆为树上自然成熟，并由经验老到的果农采摘，使果子犹如刚从树上采摘的那样新鲜。糖聚金橘果型端庄，橙黄诱人，果皮很薄，无核，化渣，可食率高。

3 佳年火龙果（台湾大红）

推荐语：工业管理思路种出的标准化优质火龙果

星级：

熊猫指数：**89**

➡️ **感官关键词**：高甜无酸、细腻顺滑、入口化渣

➡️ **企业名称**：广西佳年农业有限公司

➡️ **采收时间**：全年

➡️ **销售渠道**：广西佳年农业有限公司公众号、广西佳年农业有限公司淘宝企业店

➡️ **企业负责人**：王妍　电话：13481011090

➡️ **销售联系人**：王妍　电话：13481011090

➡️ **基地地址**：广西壮族自治区南宁市武鸣区双桥镇伊岭小康村

➡️ **如何到达**：从南宁出发，途经那安快速路、兰海高速，全程 40 千米，耗时 50 分钟

　　南宁山清水秀、光热充足、雨量充沛，在南亚热带季风气候区，适宜的气候、水文条件和优质的土壤孕育了风味独特的南宁火龙果。

　　佳年火龙果（台湾大红）果形椭圆，个头饱满，外皮鲜红靓丽，圆润可爱。剥开外皮，紫红诱人的果肉鲜嫩欲滴，令人垂涎。咬上一口，甜蜜的汁水一涌而出，果香浓郁、口感丰富、风味甚佳。

4 荔之源荔枝（仙进奉）

推荐语：荔之源荔枝，荔枝中的爱马仕

星级：
熊猫指数：**89**

- → 感官关键词：果肉弹脆、纯甜无酸、汁水丰富
- → 企业名称：广西台东生态农业有限公司
- → 采收时间：7 月~8 月
- → 企业负责人：黎杰　电话：15578447505
- → 销售联系人：黎杰　电话：15578447505
- → 基地地址：广西壮族自治区玉林市玉州区胜利路 3 号中继乾元集团
- → 如何到达：从南宁出发，途经泉南高速、广昆高速，全程 250 千米，耗时 3 小时

仙进奉荔枝园依山傍水，光温充足，肥沃土壤，空气清新，培育出漫山遍野的上等荔枝！

仙进奉的"进奉"是进奉朝廷的意思，为中国最古老、最高端的荔枝品种，专供香港、欧美日本等高端荔枝市场。它果大核小，皮薄肉厚，果肉如珍珠般细腻，似水晶般闪光，尚未入口，已入心田，琼浆玉液，咬上一口，汁水在唇齿间四溢，滑爽至心田的滋味，令人心旷神怡。

5 钦赐百香果（钦蜜9号）

推荐语：钦蜜9号，甜如蜜

星级：
熊猫指数：**89**

→ **感官关键词：**圆润饱满、酸甜浓郁、顺滑多汁
→ **企业名称：**广西钦赐农业科技有限公司
→ **采收时间：**8月~10月
→ **企业负责人：**邓福斌　电话：13807523237
→ **销售联系人：**邓福斌　电话：13807523237
→ **基地地址：**广西壮族自治区钦州市钦南区钦
　　　　　　蜜百香果基地
→ **如何到达：**从南宁出发，途经吴大高速、兰海
　　　　　　高速，全程135千米，耗时2小时

　　钦蜜9号，钦赐金果，源自钦州，故名钦蜜。它是广西农科院重点实验室和广西钦赐农业科技有限公司联合选育的耐热型纯甜百香果新品种，也是黄金百香果的升级版，堪称百香果界的"当家花旦"。饱满的果肉，甜津津的果汁，吃起来像掺了蜜般清甜如蜜。

6 金之都百香果（金都 3 号）

推荐语：一颗爆汁流水的百香果

星级：
熊猫指数：**89**

→ 感官关键词：酸甜浓郁、汁水丰富、口感顺滑
→ 企业名称：广西南宁金之都农业发展有限公司
→ 采收时间：3 月~9 月
→ 销售渠道：百果园
→ 企业负责人：黄华彬　电话：13087970890
→ 销售联系人：黄华彬　电话：13087970890
→ 基地地址：广西壮族自治区南宁市西乡塘区坛洛镇坛洛村
→ 如何到达：从南宁出发，途经南友高速、吴隆高速，全程 65 千米，耗时 70 分钟

　　"金都三号"百香果，也被称为"蜜桃百香果"，是金之都农业发展有限公司自主培育的西番莲新品种。它是紫皮百香果，果汁率 60％以上，甜度高，有水蜜桃香气，鲜食品质优，深受消费者青睐。

061

7 密江 25 度金橘（脆蜜金橘）

推荐语：密江传承　橘香永恒

星级：⬇
熊猫指数：**84**

➡ 感官关键词：个头小巧、滋味纯甜、无籽多汁
➡ 企 业 名 称：广西密江农业科技发展有限公司
➡ 采 收 时 间：每年 11 月～次年 3 月
➡ 销 售 渠 道：微信小程序 – 融安 25 度金桔官方店
➡ 企 业 负 责 人：陈兆东　电话：13877288891
➡ 销 售 联 系 人：陈兆东　电话：13877288891
➡ 基 地 地 址：广西壮族自治区柳州市融安县长安镇小洲村
➡ 如 何 到 达：从桂林机场出发，途经桂河高速、三南高速，全程 137.5 千米，耗时 1 小时 35 分钟

8 金朔金橘（油皮金橘）

推荐语：科技种植造"金"山，带动万亩果园发展新技术

星级：⬇
熊猫指数：**84**

➡ 感官关键词：个大皮脆、滋味浓甜、细腻无渣
➡ 企 业 名 称：阳朔县白沙镇古板水果专业合作社
➡ 采 收 时 间：每年 12 月～次年 3 月
➡ 企 业 负 责 人：高永豪　电话：13878377588
➡ 销 售 联 系 人：高永豪　电话：13878377588
➡ 基 地 地 址：广西壮族自治区桂林市阳朔县白沙镇古板村
➡ 如 何 到 达：从桂林市出发，途经万福路、包茂高速，全程 73 千米，耗时 1 小时 45 分钟

9 廖橙（桂橙 1 号）

推荐语：鹿寨蜜橙之父——一把火烧出来的蜜橙

星级：
熊猫指数：**84**

→ **感 官 关 键 词：**圆润小巧、甜高酸低、细腻无籽
→ **企 业 名 称：**鹿寨县桂鹿水果专业合作社
→ **采 收 时 间：**每年 11 月～次年 2 月
→ **销 售 渠 道：**柳鹿山珍特产馆实体店
→ **企 业 负 责 人：**李柳萍　　电话：18977236618
→ **销 售 联 系 人：**李柳萍　　电话：18977236618
→ **基 地 地 址：**广西壮族自治区柳州市鹿寨县波井村
→ **如 何 到 达：**从桂林机场出发，途经包茂高速、汕昆高速，全程 189.5 千米，耗时 2 小时 15 分钟

10 起凤橘洲沃柑（沃柑）

推荐语：以精细农业为目标，打造可循环生态

星级：
熊猫指数：**84**

→ **感 官 关 键 词：**味浓多汁、果肉细腻、香味清新
→ **企 业 名 称：**广西起凤橘洲生态农业有限公司
→ **采 收 时 间：**每年 12 月～次年 3 月
→ **销 售 渠 道：**微信公众号—起凤橘洲
→ **企 业 负 责 人：**廖成都　　电话：18878990111
→ **销 售 联 系 人：**廖成都　　电话：18878990111
→ **基 地 地 址：**广西壮族自治区南宁市武鸣区城厢镇邓广村
→ **如 何 到 达：**从南宁市出发，途经邕武路、037 县道、210 国道，全程 57.9 千米，耗时 2 小时

11 富农芒果（桂七）

推荐语：健康芒果种植专家

星级：
熊猫指数：**84**

→ 感官关键词：浓甜微酸、口感软糯、纤维感弱
→ 企业名称：广西百色富农农业科技有限公司
→ 采收时间：7月~8月
→ 销售渠道：华润超市
→ 企业负责人：王栓亮　电话：15296260266
→ 销售联系人：王栓亮　电话：15296260266
→ 基地地址：广西壮族自治区百色市右江区平安
　　　　　　路10号迎龙苑小区
→ 如何到达：从南宁出发，途经南宁绕城高速、广昆高速，全程250千米，耗时3小时20分钟

12 荔橘红砂糖橘（砂糖橘）

推荐语：荔浦砂糖橘，广西新名片

星级：
熊猫指数：**80**

→ 感官关键词：滋味浓郁、酸甜可口、汁水丰富
→ 企业名称：荔浦市万家兴果蔬专业合作社
→ 采收时间：每年12月~次年2月
→ 企业负责人：廖荣全　电话：15295901618
→ 销售联系人：廖荣全　电话：15295901618
→ 基地地址：广西壮族自治区荔浦市大塘镇兴万
　　　　　　家柑橘种植示范基地
→ 如何到达：从桂林市出发，途经包茂高速、呼北高
　　　　　　速，全程130千米，耗时100分钟

贵州
2023

1 侗粮锡利贡米（锡利贡米）

推荐语：锡利贡米，来自贵州苗山侗水大山深处中国人自己的粮食

星级：
熊猫指数：**90**

→ **感官关键词：** 米饭清香，黏性较低，清甜有嚼劲
→ **企 业 名 称：** 贵州省榕江县粒粒香米业有限公司
→ **采收时间：** 10 月~11 月
→ **销售渠道：** 贵州大米侗粮锡利贡米淘宝店
→ **企业负责人：** 马显康　电话：15286689888
→ **销售联系人：** 马显康　电话：15286689888
→ **基 地 地 址：** 贵州省黔东南苗族侗族自治州榕江县王岭农业园区 D 地块
→ **如 何 到 达：** 从贵阳机场出发，途经厦蓉高速，全程 220.8 千米，耗时 2 小时 57 分钟

"饭之甘，在百味之上，知味者，遇好饭不必用菜。"清朝美食艺术家袁枚这样描述一碗好饭的神奇味道。用这句话用来形容锡利贡米，恰如其分。海拔在 400~900 米之间的阳光稻田，平均气温 18℃，310 天无霜期，1211 毫米的年均降雨量，1312 小时的充足年均日照，在如此得天独厚的环境下生长的贡米，可谓集"色如玉、粒如珠、香如棕"于一体，只是开袋，便能闻到诱人的米脂香气。蒸熟之后，晶莹的米粒缠绵在一起，软糯油亮，整个屋子都弥漫着香甜的气息，让人不觉心生欢喜。仅一碗香喷喷的米饭就能让人感受到生活中的小确幸，丝丝香甜在舌尖弥散，一直到心田，心情也舒展在这微热的烟火气里。

2 自然朵木耳（黑木耳）

推荐语：梵净山下，天生好菌菇

星级：
熊猫指数：**89**

→ **感官关键词**：肉厚、比较脆、有嚼劲
→ **企业名称**：贵州省梵天菌业有限公司
→ **采收时间**：全年
→ **销售渠道**：KA 超市
→ **企业负责人**：刘兵　电话：13770001666
→ **销售联系人**：方泽民　电话：19192684799
→ **基地地址**：贵州省铜仁市印江土家族苗族自治县木黄镇盘龙村
→ **如何到达**：从贵阳出发，途经渝筑高速、杭瑞高速，全程 312.1 千米，耗时 3 时 30 分钟

　　梵天菌业公司位于世界自然遗产、国家 5A 级旅游景区梵净山西麓，这里有纯天然山泉水和溶洞水，地表水质干净无污染，被誉为"北纬 28°的最后一方净土"。这里属亚热带湿润季风气候，年均气温 16.8℃，日照时间达 1255 小时，无霜期近 300 天。梵净山得天独厚的气候和生态环境造就了梵天菌业食用菌独特的有机品质，成为武陵山脉大自然孕育的"精灵"。

　　"自然朵"是贵州省梵天菌业有限公司着力打造的中国食用菌领军品牌，已开发有机尊享等 7 个系列、43 个单品，获得 OGA、ECOCERT、NOP、ISO9001、HACCP 等体系认证。用人工智能分级筛选，利用回潮微波杀菌技术，在万级净化车间完成产品包装，并建立了完整的产品质量追溯系统。

　　得天独厚的环境和先进的管理理念让天然好菌菇走上人们的餐桌，提升了中国人的生活品质。

3 玉屏黄桃（锦绣黄桃）

推荐语：箫笛之乡美如画，黄桃佳节邀天下

星级：
熊猫指数：**84**

→ 感官关键词：桃香清爽、甜中带酸、绵糯多汁
→ 企 业 名 称：玉屏农歌水果种植农民专业合作社
→ 采 收 时 间：7 月 ~8 月
→ 企业负责人：张新平　电话：15186034733
→ 销售联系人：张新平　电话：15186034733
→ 基 地 地 址：贵州省铜仁市玉屏侗族自治县朱家场镇柴冲村野鸭塘基地
→ 如 何 到 达：从铜仁凤凰机场出发，途经杭瑞高速、铜大高速，全程 117.9 千米，耗时 1 小时 45 分钟

4 桃聚缘桃（锦绣黄桃）

推荐语：美优果黄桃，就是好吃

星级：
熊猫指数：**84**

→ 感官关键词：个大肉黄、软糯多汁、滋味浓郁
→ 企 业 名 称：贵州美优果现代农业发展有限公司
→ 采 收 时 间：8 月 ~9 月
→ 企业负责人：李龙　电话：13657430505
→ 销售联系人：李龙　电话：13657430505
→ 基 地 地 址：贵州省黔南布依族苗族自治州贵定县德新镇新铺村
→ 如 何 到 达：从贵阳机场出发，途经沪昆高速、X928，全程 75 千米，耗时 1 小时 30 分钟

5 杨华苹果（黔选3号）

推荐语：贵州苹果看威宁，威宁苹果看杨华

星级：
熊猫指数：**84**

➔ 感官关键词：浓甜微酸、硬脆多汁、果皮较软
➔ 企业名称：威宁县乌蒙绿色产业有限责任公司
➔ 采收时间：9月~10月
➔ 企业负责人：杨华　电话：13885741838
➔ 销售联系人：杨华　电话：13885741838
➔ 基地地址：贵州省毕节市威宁县杨华苹果基地
➔ 如何到达：从贵阳出发，途经贵黔高速、毕威高速，全程
　　　　　　350千米，耗时6小时

6 茅贡米（大粒香）

推荐语：茅贡大粒香米晶莹饱满，如珠似玉

星级：
熊猫指数：**84**

➔ 感官关键词：清香微甜、米饭洁白、软硬适中
➔ 企业名称：贵州茅贡米业有限公司
➔ 采收时间：9月
➔ 销售渠道：茅贡大米京东官方旗舰店
➔ 企业负责人：周永　电话：18311621150
➔ 销售联系人：佘雪梅　电话：18212050513
➔ 基地地址：贵州省遵义市湄潭县永兴镇界溪村
➔ 如何到达：从贵阳龙洞堡机场出发，途经渝筑高速、杭瑞高速，
　　　　　　全程219.9千米，耗时2小时22分钟

7　黔龙果火龙果（台湾大红）

推荐语：一株一果，冰凉软糯自带香

星级：
熊猫指数：**83**

→ 感官关键词：清甜爽口、汁水丰富、果肉细腻
→ 企业名称：贵州金帝投资发展（集团）有限公司
→ 采收时间：6 月~10 月
→ 销售渠道：广州江南市场、上海辉展市场、沈阳地利市场
→ 企业负责人：黄国涛　电话：18785978948
→ 销售联系人：刘名帅　电话：13687597135
→ 基地地址：贵州省黔西南布依族苗族自治州贞丰县珉谷
镇建设路 86 号
→ 如何到达：从贵阳出发，途经银百高速、都兴高速，全程 220 千米，耗时 2 小时 45 分钟

8　苡源薏仁米（小白壳）

推荐语：品种正宗、设备先进、管理科学，薏仁米中的精品

星级：
熊猫指数：**81**

→ 感官关键词：清甜微香、软硬适中、米粒完整
→ 企业名称：贵州兴仁薏仁米产业有限公司
→ 采收时间：10 月
→ 企业负责人：夏召和　电话：18984682866
→ 销售联系人：夏召和　电话：18984682866
→ 基地地址：贵州省黔西南布依族苗族自治州兴仁市巴铃镇
→ 如何到达：从贵阳龙洞堡机场出发，途经银白高速、都兴
高速，全程 260 千米，耗时 3 小时

9 凉都弥你红猕猴桃（红阳）

推荐语：凉都弥你红，心动的味道

星级：
熊猫指数：**80**

→ 感官关键词：浓甜低酸、柔软多汁、细腻顺滑
→ 企业名称：六盘水市凉都猕猴桃产业股份有限公司
→ 采收时间：8 月~10 月
→ 企业负责人：段召华　电话：18216808829
→ 销售联系人：段召华　电话：18216808829
→ 基地地址：贵州省六盘水市钟山区凤凰新区水西路 11 号
→ 如何到达：从贵阳市出发，途经花安高速、都香高速，全程 265.5 千米，耗时 3 小时 15 分钟

海南
2023

1 凤大侠金钻凤梨（金钻 17 号）

推荐语：金钻凤梨品种好，精耕培育品质优

星级：
熊猫指数：**95**

→ **感官关键词：** 果香馥郁、浓甜弱酸、多汁细腻
→ **企 业 名 称：** 海南泰绅农业科技有限公司
→ **采 收 时 间：** 3 月 ~5 月
→ **企业负责人：** 冯杰　电话：13507444957
→ **销售联系人：** 罗翔　电话：18670750001
→ **基 地 地 址：** 海南省儋州市白马井镇长泥潭村
→ **如 何 到 达：** 从儋州市出发，途经海南环岛高速，北部湾大道，全程 60 千米，耗时 57 分钟

　　海南素有"凤梨之乡"的美誉，这里产出的凤梨被称为"赤道黄金果"，这里也是金钻凤梨生长的"天堂"，为金钻凤梨的主产区，每年 2~3 月份是"凤大侠"自然熟最美的季节。汁水清润、充盈，甜中带酸，果味浓，纤维少，不塞牙，不涩口，酸甜的汁水在口中肆意横流，每吃一口都如久旱逢甘霖。

2 陆侨无核荔枝（A4）

推荐语：并蒂双生是无核，富硒出自长寿乡

星级：
熊猫指数：**94**

→ **感官关键词：** 肉厚无核、纯甜爆汁、果肉 Q 弹
→ **企业名称：** 海南陆侨农牧开发有限公司
→ **采收时间：** 6月~7月
→ **销售渠道：** 京东众筹、本来生活、工商银行融E
　　　　　　　购、阿里巴巴淘乡甜、陆侨无核荔枝
　　　　　　　公众号、杭州兴邦果业
→ **企业负责人：** 程辉锋　电话：13398985111
→ **销售联系人：** 程辉锋　电话：13398985111
→ **基 地 地 址：** 海南省海口市澄迈县桥头镇南山水库
→ **如 何 到 达：** 从海口出发，途经海口绕城高速、海南环岛高速，全程70.3千米，耗时56分钟

　　陆侨无核荔枝种植基地位于海南省澄迈县桥头镇，当地属亚热带气候，基地土质为火山岩富硒土壤，灌溉水源为南山水库。无核荔枝的果皮颜色为暗红色，皮薄个大，果肉为乳白色，半透明，肉质脆，淡甜味，品质良好，适合鲜食。因为无核，因而有"水果丸子"的称号。一口咬下去，全是汁水满满的果肉，满足感油然而生。它还有一个有趣的特点就是成对结果，并蒂而生。这让无核荔枝在各色荔枝中显得更加与众不同。

3 顶力芒果（贵妃）

推荐语：好芒果，树上熟，好品质，鼎立造

星级：
熊猫指数：**90**

→ 感官关键词：果香馥郁、酸甜可口、软糯多汁
→ 企业名称：海南鼎立农业开发有限公司
→ 采收时间：2 月~5 月
→ 企业负责人：向明阳　电话：19974528883
→ 销售联系人：向明阳　电话：19974528883
→ 基地地址：海南省三亚市天涯区红塘马岭基地
→ 如何到达：从三亚市出发，途经海榆（西）线、海南环岛高速，全程 30 千米，耗时 50 分钟

　　鼎立是红金龙（贵妃芒）的引进者，贵妃芒的主产区在海南三亚。每年 1~5 月是三亚芒果采收期，其中，3~4 月是贵妃芒的口感最佳期。这时候的贵妃芒核薄肉厚，果肉可食率高达 90%，口味浓郁，细腻无丝，清香不腻，芳香迷人。因鼎立红金龙果实成熟后呈现红黄渐变色，饱满宝贵，故名贵妃芒。

4 十八度果缘芒果（爱文芒）

推荐语：以科学方法生产绿色芒果

星级：
熊猫指数：**89**

➜ **感官关键词：**肉厚多汁、纯甜无酸、口感爽滑
➜ **企业名称：**三亚金福田绿色农业有限公司
➜ **采收时间：**3 月~5 月
➜ **企业负责人：**李元祥　电话：18217864088
➜ **销售联系人：**李元祥　电话：18217864088
➜ **基地地址：**海南省乐东黎族自治县九所镇十八度果缘基地
➜ **如何到达：**从海口机场出发，途经海琼高速、海南环岛高速，全程 300 千米，耗时 3 小时

十八度果缘芒果黄红相接，口感细腻无丝，软糯香甜，一抿入喉。它带着海南专属阳光的味道，无论制作糯唧唧的芒果肠粉、奇特的酱油芒果、解腻清爽的清补凉，还是裹着清香椰汁的芒果糯米饭，都能治愈每一个芒果胃。

5 海棠湾薏米（小白壳）

推荐语：三亚薏米，海边自然生态孕育

星级：
熊猫指数：**89**

→ **感官关键词**：自然乳白色、清甜醇正、爽滑有嚼劲
→ **企业名称**：三亚南田居农业发展有限公司
→ **采收时间**：2 月~3 月
→ **企业负责人**：符天德　电话：13907601608
→ **销售联系人**：谭家裕　电话：13907609619
→ **基地地址**：海南省三亚市海棠区南田居田湾队下村
→ **如何到达**：从三亚凤凰机场出发，途经凤凰路、田独路、
　　　　　　　三亚环岛高速，全程 45 千米，耗时 1 小时

　　三亚薏米产自三亚市海棠区田湾村临近海棠湾的优质薏米种植区，目前种植面积仅400亩左右，因河道水渠常年冲刷，这里种植的薏米无论从口感上还是在品质上都深受当地消费者的喜爱。经熊猫指南感官实验室检测，三亚薏米富含优质蛋白质、碳水化合物、脂肪和多种矿质元素，其中，硒含量达0.289毫克/千克，薏米个头较大，颜色洁白，口感绵密，细腻顺滑。在熊猫指南感官实验室测评的34款薏米中，海棠湾薏米在生米和熟米颜色、气味纯正性、滋味浓郁度、消费者喜好度等多个维度上都非常突出，是薏米中的珍品。

6 江尧释迦果（凤梨释迦）

推荐语：江尧释迦，美味到家

星级：
熊猫指数：**88**

→ 感官关键词：细腻浓甜、口感软糯、滋味浓郁
→ 企 业 名 称：海南江尧农业开发有限公司
→ 采 收 时 间：每年 12 月～次年 4 月
→ 销 售 渠 道：微信小程序—买释迦、江尧释迦淘宝店
→ 企业负责人：梁伟江　电话：13807541588
→ 销售联系人：梁伟江　电话：13807541588
→ 基 地 地 址：海南省东方市三家镇岭村
→ 如 何 到 达：从三亚市出发，途经海南环岛高速、海榆（西）线，全程 176.5 千米，耗时 2 小时 20 分钟

　　海南热带地区的气候条件非常适合释迦果的生长，被誉为释迦果的故乡。海南江尧农业开发有限公司通过对释迦果进行不断实验和改良，成功研发出了"江尧凤梨"释迦，果子个头饱满，果香浓郁，果肉厚实，颗粒饱满，受到消费者青睐。

7 柚子夫妇青柚（马来西亚水晶柚）

推荐语：科班学农夫妇自主创业，打造柚中"爱马仕"

星级：
熊猫指数：**85**

→ **感官关键词：**柚子清香、甜中带苦、细嫩多汁
→ **企 业 名 称：**海南洪安农业有限公司
→ **采 收 时 间：**7 月~9 月
→ **销 售 渠 道：**微信小程序－柚子夫妇
→ **企业负责人：**黄晓玲　　电话：13158936117
→ **销售联系人：**黄晓玲　　电话：13158936117
→ **基 地 地 址：**海南省澄迈县金江镇善井村
→ **如 何 到 达：**从海口市出发，途经海南环岛高速、金马
　　　　　　　大道，全程 80.1 千米，耗时 1 小时 24 分

　　柚子夫妇 14 年来一直坚持生态种植，建设了 4000 平方米青柚果品分选中心，引入国内最先进的自动化果品分选设备，对水晶柚在外观、大小、甜度等指标上进行精准分级和筛选，确保每个青柚口感的一致性。水晶无籽蜜柚颗颗爆汁，清香浓甜，含水量高达 85% 以上，被消费者称为柚子界的"爱马仕"。

8 鲁加蜜哈密瓜（西州密 25 号）

推荐语：产自蜜瓜之乡，蜜透心窝

星级：
熊猫指数：**84**

→ 感官关键词：瓜香清馨、瓜肉硬脆、纯甜细腻
→ 企业名称：海南春暖花开生态农业有限公司
→ 采收时间：每年 11 月～次年 4 月
→ 销售渠道：海南省海口市椰海综合市场水果区 C3-C4，太好啦 tai.cn，雅诺达天猫店，鲁加蜜京东店
→ 企业负责人：吴雄杰　电话：13707566953
→ 销售联系人：吴雄杰　电话：13707566953
→ 基地地址：海南省乐东黎族自治县佛罗镇青山村
→ 如何到达：从三亚机场出发，途经海南环岛高速、海榆（西）线，全程 95.2 千米，耗时 1 小时 22 分钟

9 都知果哈密瓜（西州密）

推荐语：能装进都知果专版箱里的蜜瓜，每一个都是品质一流的蜜瓜

星级：
熊猫指数：**84**

→ 感官关键词：瓜香清新、高甜无酸、爽脆多汁
→ 企业名称：乐东都知果西密瓜种植农民专业合作社
→ 采收时间：每年 10 月～次年 5 月
→ 企业负责人：刘加明　电话：13732177782
→ 销售联系人：孟永红　电话：13822228758
→ 基地地址：海南省东方市新龙镇下通天村
→ 如何到达：从三亚机场出发，途经海南环岛高速，全程 92 千米，耗时 1 小时 8 分钟

10 东方瓜呱香红薯（鸣门金时）

推荐语：万实农匠，东方红薯

星级：
熊猫指数：**84**

→ 感官关键词：薯香浓郁、口感粉糯、肉质细腻
→ 企 业 名 称：海南牛哥生态农业有限公司
→ 采 收 时 间：2 月 ~7 月
→ 企业负责人：符清管　电话：18889204079
→ 销售联系人：李剑飞　电话：13707509583
→ 基 地 地 址：海南东方市四更镇沙村
→ 如 何 到 达：从三亚机场出发，途经海南环岛高速，全程 169.8 千米，耗时 2 小时 33 分钟

11 燕南妃火龙果（燕窝果）

推荐语：念念不忘的丝滑火龙果天花板

星级：
熊猫指数：**84**

→ 感官关键词：浓甜多汁、肉质软嫩、略有籽感
→ 企 业 名 称：海南福龙侠燕窝果科技有限公司
→ 采 收 时 间：全年
→ 企业负责人：王召君　电话：13976478088
→ 销售联系人：王召君　电话：13976478088
→ 基 地 地 址：海南省三亚市崖州区盐灶村委会
→ 如 何 到 达：从三亚机场出发，途经鹿城大道、海南环岛高速，全程 38 千米，耗时 39 分钟

12 宜源果树上熟木瓜（大青）

推荐语：树上熟木瓜，就选宜源果

星级：🌱
熊猫指数：**84**

➡ **感官关键词**：高甜清爽、细腻顺滑、口感软糯
➡ **企 业 名 称**：海南伦瑜农业开发有限公司
➡ **采 收 时 间**：全年
➡ **企业负责人**：汪斌　电话：18689509848
➡ **销售联系人**：汪斌　电话：18689509848
➡ **基 地 地 址**：海南省三亚市天涯区梅村岭渣水库竹林小院
➡ **如 何 到 达**：从海口机场出发，途经海南环岛高速，全程 275 千米，耗时 3 小时

13 福返芒果（贵妃）

推荐语：好芒本应树上熟

星级：🌱
熊猫指数：**84**

➡ **感官关键词**：滋味浓郁、香甜多汁、果香较浓
➡ **企 业 名 称**：三亚君福来实业有限公司
➡ **采 收 时 间**：2 月~5 月
➡ **销 售 渠 道**：福返热带水果淘宝店
➡ **企业负责人**：彭时顿　电话：13307658258
➡ **销售联系人**：彭时顿　电话：13307658258
➡ **基 地 地 址**：海南省三亚市崖州区双联农场
➡ **如 何 到 达**：从三亚机场出发，途经海榆（西）线、海南环岛高速，全程 65 千米，耗时 1 小时
　　　　　　　30 分钟

14　天涯一品芒果（金煌芒）

推荐语：唯有源头好果来

星级：
熊猫指数：**84**

→ 感官关键词：酸甜可口、浓郁多汁、肉质细嫩
→ 企 业 名 称：海南希源生态农业股份有限公司
→ 采 收 时 间：2 月 ~5 月
→ 企业负责人：肖诗希　电话：13313777111
→ 销售联系人：肖诗希　电话：13313777111
→ 基 地 地 址：海南省乐东黎族自治县九所镇大庄生态园旁
→ 如 何 到 达：从三亚市出发，途经海榆（西）线、海南环岛
　　　　　　　高速，全程 80 千米，耗时 90 分钟

15　截芒道芒果（紫香芒）

推荐语：果香超浓郁的芒果

星级：
熊猫指数：**81**

→ 感官关键词：核薄肉厚、香气浓郁、软糯多汁
→ 企 业 名 称：海南得乐生农业投资咨询管理有限公司
→ 采 收 时 间：4 月 ~6 月
→ 企业负责人：方齐胜　电话：13976012912
→ 销售联系人：方齐胜　电话：13976012912
→ 基 地 地 址：海南省海口市海秀路 108 号
→ 如 何 到 达：从海口市出发，途经海口绕城高速、海南环岛高速，全程 15 千米，耗时 30 分钟

16 三亚南鹿莲雾（南鹿 1 号）

推荐语：海风识得莲雾香

星级：
熊猫指数：**80**

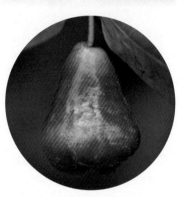

➡ **感官关键词**：清甜微酸、口感细腻、水分充足
➡ **企 业 名 称**：三亚南鹿实业股份有限公司
➡ **采 收 时 间**：每年 12 月～次年 6 月
➡ **销 售 渠 道**：微信公众号—三亚莲雾
➡ **企业负责人**：徐宏家　电话：13322029277
➡ **销售联系人**：邢军　电话：13178966505
➡ **基 地 地 址**：海南省三亚市崖州区长山村莲雾小镇
➡ **如 何 到 达**：从三亚市出发，途经海南环岛高速、海榆
　　　　　　　　（西）线，全程 45 千米，耗时 43 分钟

17 热果王手指柠檬（手指柠檬）

推荐语：水果界的鱼子酱

星级：⌄
熊猫指数：**80**

➡ **感官关键词**：果肉脆嫩、酸度适宜、香气浓郁
➡ **企 业 名 称**：海南盛大现代农业开发有限公司
➡ **采 收 时 间**：全年
➡ **企业负责人**：王俏　电话：13136088388
➡ **销售联系人**：王俏　电话：13136088388
➡ **基 地 地 址**：海南省琼海市大路镇湖仔村委会湖仔二村
➡ **如 何 到 达**：从海口机场出发，途经海南环岛高速，全程
　　　　　　　　120 千米，耗时 2 小时

18 天地人凤梨（台农 17 号）

推荐语：得天时地利人和，产良心品质凤梨

星级：
熊猫指数：**80**

→ **感官关键词**：清甜微酸、口感细脆、汁水丰盈

→ **企 业 名 称**：海南天地人生态农业股份有限公司

→ **采 收 时 间**：2 月~6 月

→ **销 售 渠 道**：微信公众号—天地人农业

→ **企 业 负 责 人**：王中青　　电话：13698966568

→ **销 售 联 系 人**：尹浩　　电话：13389896066

→ **基 地 地 址**：海南省临高县临城镇 217 省道 11~17 千米处（天地人水果长廊共享农庄）

→ **如 何 到 达**：从海口机场出发，途经海口绕城高速、海南环岛高速，全程 93.7 千米，耗时 1 小时 9 分钟

榴莲 的味觉大冒险

目前，海南的榴莲虽然已经挂果，但还没有实现量产，每年仅泰国榴莲这一个单品，中国的进口总值就超过42亿美元。也就是说，中国不产榴莲，但已经是世界上最大的榴莲消费国了，据说，中国人消费了全世界91%的榴莲。

榴莲是个神奇的水果，它有个霸气的称号——水果之王。原因是什么？让我们来解析一下这款水果的风味密码。

榴莲是一种原产于东南亚，喜好高温高湿的热带水果。其中文名"榴莲"并非源自"流连忘返"，"榴莲"是外来词汇，同"咖啡"一样属于音译。第一次吃榴莲时，一般人会对它的气味望而却步，但是，也有不少人自从吃了第一口榴莲后，就被其酥软甜腻、近似奶油冰激凌的口感，以及特殊的回味所吸引。榴莲果肉含有多种维生素，营养非常丰富，风味十分复杂，根本不是普通水果可以比拟的，"水果之王"的美誉也就非它莫属了。

熊猫君早期对于榴莲的印象也不太好，主要原因在于榴莲的气味和对它不了解，直到一次和马来西亚老树猫山王的邂逅，被那难以忘怀的味觉大冒险彻底征服了。

打开那颗老树猫山王榴莲，其果肉金黄紧致，屋内的人对其特殊的气味已经不敏感了，第一口吃下去，惊奇地发现了花椒的麻味。这怎么可能，怎么会出现花椒的麻味？我们知道有些水果是有麻味的，比如重庆的梁平柚，但一款热带水果也拥有麻味确实出乎意料。于是，熊猫君又吃了第二口，这时味觉又发生了微妙的变化，咖啡的苦味伴随着甜腻，构成复杂的滋味体验。熊猫君吃下第三口时，红酒的酒味若隐若现。这明明是一款水果，怎么会有如此复杂的味觉体验呢？

对熊猫指南的科研团队来说，榴莲的风味解析成为一道必答题。熊猫指南的科研团队为自己设定了一个新的目标——研发榴莲风味轮，看看这款神奇的水果到底由哪些风味构成。经过几个月的研发，经过对市面上各种榴莲的测评和对消费者反馈的分析，熊猫指南研发出第一版《熊猫风味轮——榴莲》。大家看一看，就知道榴莲的风味有多丰富了，其风味的复杂度是榴莲这款水果的最大卖点。

有了榴莲风味轮这把标准尺，熊猫指南团队持续积累榴莲的测评数据，

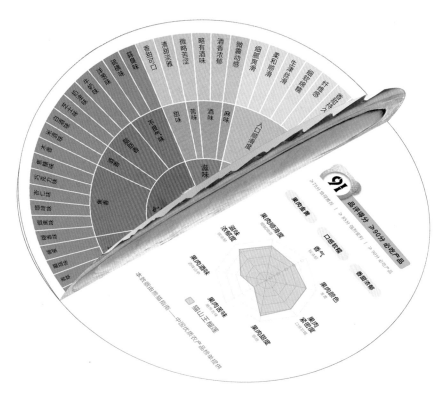

榴莲风味轮展示卡（专利号：ZL 202330290973.3）

并从消费者角度对榴莲风味轮进行了简化。2023年熊猫指南和某生鲜平台联合对四款市售榴莲进行了测评，难以描述的榴莲味道可以被简单明了地说清了，一款榴莲是否"好吃"，简单测一下，和数据库一对比，就可以得到答案。

对于普通消费者来说，识别一款榴莲可以通过如下步骤，首先是看颜色，虽然颜色深浅不一定代表好吃，但相对来说，果肉颜色深的榴莲好吃的概率高一些。其次是尝味道，果肉是否细腻黏糯，口感是否顺滑。最后，判断一下香气是否丰富，是否有甜味、焦糖味、酒精味、花香味，甜度如何，高甜、余味持久是加分项，有酒味、苦味或略带麻感，也是加分项。

怎么样？对于榴莲这样一款风味复杂、独特、颠覆认知的水果，你是不是也想把各大主要品种逐一尝试尝试，赶赴一场味觉的大冒险呢？

1 苹阳苹果（王林）

推荐语：苹阳苹果，品质生活，优鲜之选

星级：
熊猫指数：**93**

→ **感官关键词**：果香馥郁、高甜无酸、细腻多汁
→ **企业名称**：河北冠阳农业科技开发有限公司
→ **采收时间**：10 月~11 月
→ **销售渠道**：永辉超市
→ **企业负责人**：任忠占　电话：18710103177
→ **销售联系人**：任忠占　电话：18710103177
→ **基地地址**：河北省保定市阜平县平阳镇土门村
→ **如何到达**：从北京出发，途经首都环线高速、京昆高速，全程 300 千米，耗时 3 小时

　　《群芳谱》有云："苹果，出北地，燕赵者尤佳。"苹阳苹果正是生长在北纬38°的燕赵大地上。这里地处地球黄金分割线，为温带大陆性季风气候。依托河北农业大学的研发技术，形成了酸甜适口和香气浓郁的独特风味。以"精准扶贫、产业扶贫"为指导理念，按照绿色食品生产标准培育，日益成为太行山贫困山区农民生态脱贫的"绿色致富果"。

2 52度良作红薯（慧谷2号）

推荐语：中国健康红薯引领者

星级：🌱
熊猫指数：**85**

→ **感官关键词：** 味甜浓郁、口感微糯、软硬适中
→ **企业名称：** 石家庄慧谷农业科技有限公司
→ **采收时间：** 9月~10月
→ **销售渠道：** 盒马鲜生、永辉超市、果蔬好超市
→ **企业负责人：** 张庆良　电话：13832313582
→ **销售联系人：** 王彦磊　电话：13522283382
→ **基地地址：** 河北省石家庄晋州市教公村
→ **如何到达：** 从石家庄市出发，途经北三环、黄石高速，全程
　　　　　　　53.2千米，耗时1小时

　　52度良作的红薯品种——慧谷2号，是由慧谷的专家团队耗时20年，优选50余个品种、100多个株系，经过数百次实验，最终才选育成功，成为国家审定的红薯品种。

　　得天独厚的沙土环境，800里太行山脉，每年2800小时充足光照，12℃昼夜温差，自然营养孕育出香甜浓郁的52度良作。

　　用蒸锅蒸制40分钟左右，能用筷子插透时，就可以享受它的美味了。口感细腻润口，轻轻一抿，绵绵的回甘充满口腔，入口即化。

③ **久绿康芽球玉兰（Darling）**

推荐语：清香宜人，鲜嫩脆爽，味苦回甘

星级：
熊猫指数：**87**

→ **感官关键词：**鲜嫩爽脆、味苦回甘、口感细腻
→ **企业名称：**河北联兴佳垚农业科技有限公司
→ **采收时间：**全年
→ **企业负责人：**刘亚东　电话：18031945361
→ **销售联系人：**刘亚东　电话：18031945361
→ **基地地址：**河北省石家庄市元氏县元氏大街81号
→ **如何到达：**从北京出发，途经京港澳高速、新元高速，全程325千米，耗时4小时

　　芽球玉兰，也叫芽球菊苣，是菊科菊苣属菊苣中选育出来的一个变种，由菊苣根生长出来，外形看起来像一朵含苞待放的玉兰花，闻起来还有一股淡淡的清香，又称蔬菜中的"蔬菜王子"和"黄金参"。

　　芽球玉兰被称作"白色黄金"，是一种高端保健型蔬菜，口感鲜嫩，营养丰富。其占地小、产量高，也是远洋船舶种植新鲜叶菜的首选品种。它不仅富含钙、镁、磷、铁、钾、钠、锌、胡萝卜素、维生素C等营养物质，还含有一般蔬菜中没有的苦味物质——马栗树皮素、野莴苣甙等，该类物质具有清肝利胆、开胃健脾、解酒护肝等功效。对胆固醇高的人士来说，经常食用能降低体内脂肪和胆固醇含量。

4 禹德菊苣（芽球玉兰）

推荐语：品芽球玉兰，享健康人生

星级：
熊猫指数：**84**

→ 感 官 关 键 词：新鲜爽脆、苦味适中、余味鲜甜
→ 企 业 名 称：霸州市禹德农业科技有限公司
→ 采 收 时 间：全年
→ 企 业 负 责 人：李二岭　电话：13313068008
→ 销 售 联 系 人：李二岭　电话：13313068008
→ 基 地 地 址：河北省廊坊市霸州市开发区大何庄
→ 如 何 到 达：从北京市出发，途经京开高速、大广高速，全程 103.9 千米，耗时 1 小时 30 分钟

5 艾土地欧李（京欧系）

推荐语：坝上的一颗风味红珍珠

星级：
熊猫指数：**84**

→ 感 官 关 键 词：果香馥郁、酸甜可口、滋味浓郁
→ 企 业 名 称：尚义京欧系欧李种植有限公司
→ 采 收 时 间：8 月 ~9 月
→ 销 售 渠 道：盒马鲜生
→ 企 业 负 责 人：刘月彬　电话：18800007715
→ 销 售 联 系 人：刘月彬　电话：18800007715
→ 基 地 地 址：河北省张家口市尚义县大青沟镇安家梁村
→ 如 何 到 达：从北京出发，途经京藏高速、海张高速，全程 350 千米，耗时 5 小时 30 分钟

6 三娃农场马铃薯（小爱 1 号）

推荐语：产自中国马铃薯之乡，以纯天然、无污染闻名国内外

星级： ↓
熊猫指数：**84**

→ 感官关键词：清甜微辣、肉质紧实、细腻顺滑
→ 企 业 名 称：围场满族蒙古族自治县农瑞通农业发展有限公司
→ 采 收 时 间：9 月
→ 企业负责人：汪桢茹　电话：13831486669
→ 销售联系人：汪桢茹　电话：13831486669
→ 基 地 地 址：河北省承德市围场满族蒙古族自治县御道口火石梁
→ 如 何 到 达：从承德南站出发，途经大广高速、承围高速，全
　　　　　　　程 240.4 千米，耗时 3 小时 29 分钟

7 古树雪花梨（雪花梨）

推荐语：乐植堂，古树雪花梨守护者

星级： ↓
熊猫指数：**84**

→ 感官关键词：味甜微酸、果肉硬脆、汁水丰富
→ 企 业 名 称：河北乐植堂农业科技有限公司
→ 采 收 时 间：9 月~10 月
→ 企业负责人：程青芳　电话：15731193688
→ 销售联系人：程青芳　电话：15731193688
→ 基 地 地 址：河北省石家庄市赵县谢庄乡谢庄村
→ 如 何 到 达：从北京出发，途经京港澳高速、衡井线，全程
　　　　　　　350 千米，耗时 4 小时 30 分钟

8 怀来葡梦农语葡萄（中国红玫瑰）

推荐语：葡梦农语葡萄，怀来葡萄

星级：
熊猫指数：**84**

→ 感官关键词：浓甜弱酸、果肉脆爽、细腻多汁
→ 企 业 名 称：怀来县城投农业开发有限公司
→ 采 收 时 间：9 月 ~10 月
→ 企业负责人：李明亮　电话：15028501605
→ 销售联系人：李明亮　电话：15028501605
→ 基 地 地 址：河北省张家口市怀来县沙城镇民营园区建设
　　　　　　　路东侧
→ 如 何 到 达：从北京出发，途经京哈高速、京藏高速，全
　　　　　　　程 150 千米，耗时 2 小时

9 绘甜板栗（燕山早丰）

推荐语：绘甜板栗，中国板栗的一股洪流

星级：
熊猫指数：**84**

→ 感官关键词：滋味较甜、口感软面、水分适中
→ 企 业 名 称：迁西县绘甜农业科技有限公司
→ 采 收 时 间：9 月
→ 企业负责人：彭国平　电话：18910522375
→ 销售联系人：彭国平　电话：18910522375
→ 基 地 地 址：河北省唐山市迁西县汉儿庄镇杨家峪村
→ 如 何 到 达：从北京出发，途经京哈高速，全程 200 千米，
　　　　　　　耗时 2 小时

10 御桃庄园桃（金秋红蜜）

推荐语：古法种植，千年贡桃

星级：
熊猫指数：**84**

➡ 感官关键词：甜味浓郁、肉质较脆、口感细腻
➡ 企业名称：深州御桃庄园蜜桃文化发展有限公司
➡ 采收时间：8月~11月
➡ 企业负责人：李宗权　电话：13785890838
➡ 销售联系人：李宗权　电话：13785890838
➡ 基地地址：河北省深州市穆村乡西马庄村381号
➡ 如何到达：从北京出发，途经京开高速、大广高速，全程300千米，耗时3小时

11 景蔚五谷香小米（冀谷系列）

星级：
熊猫指数：**84**

推荐语：把中国四大贡米之一的蔚州小米卖到欧洲，小米"加工大王"让小米走出国门

➡ 感官关键词：玉米香突出、细腻无硬芯、回甜
➡ 企业名称：蔚县景蔚五谷香米业有限公司
➡ 采收时间：10月
➡ 销售渠道：蔚县景蔚五谷香米业淘宝企业店、内蒙古德克隆超市
➡ 企业负责人：乔景斌　电话：13463303960
➡ 销售联系人：高博　电话：17732723228
➡ 基地地址：河北省张家口市蔚县吉家庄镇四村
➡ 如何到达：从张家口市出发，途经张石高速、京拉线，全程127千米，耗时1小时50分

12 美美梨（卡门）

推荐语：美美卡门梨，历经风霜的美味

星级：
熊猫指数：**83**

→ 感官关键词：酸甜可口、肉软细腻、梨香清爽
→ 企 业 名 称：河北天丰农业集团有限公司
→ 采 收 时 间：7 月 ~9 月
→ 企业负责人：朱倩　电话：13032012151
→ 销售联系人：朱倩　电话：13032012151
→ 基 地 地 址：河北省保定市高阳县边渡口村
→ 如 何 到 达：从北京市出发，途经京开高速、大广高速，全程
　　　　　　　　180 千米，耗时 2 小时

13 果色甜香庄园火龙果（金都 1 号）

推荐语：我在河北，等你从树上摘下纯熟的火龙果

星级：
熊猫指数：**80**

→ 感官关键词：甜酸适口、果肉软糯、细腻顺滑
→ 企 业 名 称：广聚农业科技（衡水）股份有限公司
→ 采 收 时 间：6 月 ~12 月
→ 企业负责人：陈春芳　电话：18612216660
→ 销售联系人：陈春芳　电话：18612216660
→ 基 地 地 址：河北省衡水市桃城区河沿镇巨鹿村
→ 如 何 到 达：从北京机场出发，途经大广高速，全程 315 千米，
　　　　　　　　耗时 4 小时

河南
2023

1 奥吉特褐菇（牛排菇）

推荐语：亚洲最大褐菇种植基地出品

星级：

熊猫指数：**89**

→ **感官关键词**：菌香浓郁、肉厚多汁、质感嫩滑
→ **企 业 名 称**：奥吉特生物科技股份有限公司
→ **采 收 时 间**：全年
→ **销 售 渠 道**：永辉超市、山姆会员店、盒马鲜生
→ **企业负责人**：常利霞　电话：15290555015
→ **销售联系人**：刘兴阳　电话：15290555015
→ **基 地 地 址**：河南省兰考县张庄村奥吉特生物科技有限公司
→ **如 何 到 达**：从郑州机场出发，途经郑民高速、兰南高速，全程 139.7 千米，耗时 1 小时 42 分钟

　　纵切像肉丝，口感像牛肉，这就是来自河南的奥吉特褐菇（牛排菇），其所含的蛋白质虽不及肉类，但却是普通蔬菜的好几倍。奥吉特菌肉肥厚，鲜美有嚼劲，无论如何烹饪都能很好诠释它的风味。

2 山药姐山药（铁棍山药）

推荐语：山药姐，认真种好每一根垆土铁棍山药，16年品质守护

星级：

熊猫指数：**81**

→ **感官关键词**：清香、清甜微辣、口感干面
→ **企 业 名 称**：郑州坤泽轩科技有限公司
→ **采 收 时 间**：每年11月～次年3月
→ **销 售 渠 道**：山药姐诚信淘宝店，京东山药姐官方旗舰店
→ **企业负责人**：崔彦君　电话：13503835286
→ **销售联系人**：崔彦君　电话：13503835286
→ **基 地 地 址**：河南省焦作市温县岳村乡吕村
→ **如 何 到 达**：从郑州市出发，途经郑云高速、晋新高速，全程118.9千米，耗时1小时38分钟

黑龙江
2023

1 金龙鱼五常基地原香稻（五优稻 4 号）

推荐语：金龙鱼原香稻，MAP beSide 全程品控溯源

星级：
熊猫指数：**90**

➡ 感官关键词：洁白油亮、爽滑有嚼劲、滋味清甜
➡ 企 业 名 称：益海嘉里食品营销有限公司
➡ 采 收 时 间：9 月 ~10 月
➡ 企业负责人：刘贻清　电话：18620393523
➡ 销售联系人：苏斌　电话：13557579126
➡ 基 地 地 址：黑龙江省哈尔滨市五常市卫国乡
➡ 如 何 到 达：从哈尔滨机场出发，途经哈尔滨绕城高速、哈同高速，全程 250.8 千米，耗时 3 小时 46 分钟

　　东北作为中国"粮仓"，盛产大米，其中名气最大的莫过于五常大米。五常自清乾隆年间有栽培水稻的历史记载以来，在不到 200 年的时间里，就已誉满天下。五常大米，洁白油亮有光泽，香甜好吃。一碗米饭倒到另一个碗里，空碗不挂饭粒，且碗内挂满油珠，剩饭不回生，这就是支链淀粉含量高的优点。

　　在地大物博的东北大地上，益海嘉里金龙鱼发挥自身技术积累优势，种植出多种优质大米产品。在黑土地上的精耕细作，让金龙鱼五常基地原香稻米粒均匀，洁白油亮，香弹爽滑有嚼劲，冷而不回生，粒粒凝香。

2 五稻皇五常大米（五优稻 4 号）

推荐语：产自五常核心产区，朝鲜族匠人倾心打造

星级：
熊猫指数：**90**

→ **感官关键词：** 香气浓郁、清香甘甜、油润透亮
→ **企 业 名 称：** 展丰水稻种植专业合作社
→ **采 收 时 间：** 9 月~10 月
→ **企业负责人：** 顾国　电话：18346563518
→ **销售联系人：** 顾国　电话：18346563518
→ **基 地 地 址：** 黑龙江省哈尔滨市五常市民乐乡陆家村陆家屯
→ **如 何 到 达：** 从哈尔滨机场出发，途经哈五路、吉黑公路，全程 125.2 千米，耗时 2 小时 15 分钟

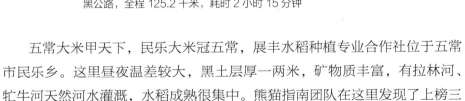

　　五常大米甲天下，民乐大米冠五常，展丰水稻种植专业合作社位于五常市民乐乡。这里昼夜温差较大，黑土层厚一两米，矿物质丰富，有拉林河、牤牛河天然河水灌溉，水稻成熟很集中。熊猫指南团队在这里发现了上榜三星产品——五稻皇五常大米（五优稻 4 号）。

　　展丰水稻种植专业合作社种植有五优稻 4 号 2000 亩，他们坚持人工种植、人工收割、人工晾晒，致力于让广大百姓吃上软糯香甜的优质大米，产出的大米颗粒饱满，晶莹剔透，畅销全国。

3 先米古稻响水石板大米（五优稻 4 号）

推荐语：长在玄武岩"万年石板地"上的千年贡米

星级：

熊猫指数：**90**

➡ **感官关键词**：米饭清香、清甜有弹性、软硬适中
➡ **企业名称**：黑龙江先米古稻米业有限公司
➡ **采收时间**：10 月
➡ **销售渠道**：先米古稻京东官方旗舰店、先米古稻淘宝官方企业店、响水大米天猫官方旗舰店
➡ **企业负责人**：刘晓强　电话：13766669432
➡ **销售联系人**：刘晓强　电话：13766669432
➡ **基地地址**：黑龙江省牡丹江市宁安市渤海镇响水村
➡ **如何到达**：从牡丹江机场出发，途经鹤大高速、Y006，全程 69.4 千米，耗时 53 分钟

　　响水是著名的"鱼米之乡"，历史上有"塞上江南"的美誉。响水石板大米是稀有的"堰塞湖石板稻米"，灌溉水来自镜泊湖和小北湖，产区年均降水 506 毫米，年日照 2700 小时，年均积温 2600℃，昼夜温差可达 18℃，依托独特的"石板地"火山地貌，孕育出米香浓郁、口感筋道的优质大米。

4 秋然匠心稻香米（五优稻4号）

推荐语：传承谷稻法，丰收传统功，香散九州地，花开稻作心

星级：
熊猫指数：**88**

→ 感官关键词：饭香浓郁、洁白油亮、弹而有嚼劲
→ 企 业 名 称：黑龙江秋然米业有限公司
→ 采 收 时 间：10月
→ 销 售 渠 道：秋然大米京东旗舰店
→ 企业负责人：顾冰松　电话：13796151111
→ 销售联系人：隋志成　电话：18646561666
→ 基 地 地 址：黑龙江省哈尔滨市方正县德善乡安乐村
→ 如 何 到 达：从哈尔滨市出发,途经哈尔滨绕城高速、哈同高速，全程214.5千米，耗时2小时33分钟

　　黑龙江秋然米业有限公司始建于1988年，位于方正县松南乡工业园区，公司有富硒水稻、绿色水稻、有机水稻生产基地30万亩，先进的大米生产线6条，年加工能力32万吨，成为收购、烘干、仓储、加工、销售为一体的综合性米业生产加工企业，是国家重点龙头企业。其生产的五优稻4号米粒饱满，质地坚硬，煮出来的米饭饭粒油亮，香味浓郁、回味甘甜。

5 金福乔府大院五常大米核心产区（五优稻4号）

推荐语：五常大米领军品牌——乔府大院

星级：
熊猫指数：**88**

→ 感官关键词：洁白油亮、滋味清甜、有嚼劲
→ 企业名称：五常市乔府大院农业股份有限公司
→ 采收时间：9月~10月
→ 销售渠道：淘宝金福乔府大院旗舰店
→ 企业负责人：乔文志　电话：17758883997
→ 销售联系人：王维欣　电话：17758883997
→ 基地地址：黑龙江省哈尔滨市五常市杜家镇半截河子村
→ 如何到达：从哈尔滨机场出发，途经哈五路、吉黑公路，全程147千米，耗时2小时21分钟

　　金福乔府大院五常大米产自五常大米优质产区，位于北纬45°黄金水稻带五常河谷平原、拉林河、牤牛河及溪浪河三大水系中下游，优越的环境为水稻的生长提供了充沛的养分。加之百万年前形成的寒地黑土肥沃丰饶，蕴含着大量矿物质、腐殖质和有机质，两者完美结合造就了乔府大院五常大米"香甜软糯"的绝佳品质。

　　蒸熟后的金福乔府大院五常大米米粒晶莹剔透，分外油亮，醇厚绵长，尝上一口，舌尖如沐稻香，甘甜浸润味蕾。

6 绿古五常大米（五优稻4号）

推荐语：无人机、二维码、私人订制、全程监控，好大米科技造

星级：
熊猫指数：**85**

→ 感官关键词：米饭油亮、香气四溢、口感爽滑
→ 企 业 名 称：五常绿野有机水稻种植农民专业合作社
→ 采 收 时 间：9月~10月
→ 企业负责人：康健　电话：13936257997
→ 销售联系人：康健　电话：13936257997
→ 基 地 地 址：黑龙江省哈尔滨市五常市安家镇铁西村
→ 如 何 到 达：从哈尔滨机场出发，途经哈五路、吉黑公路，全程130千米，耗时2小时9分钟

　　绿古五常大米生长在黑龙江省五常市。五常市的黑土带平均厚度高达2米，土壤营养物含量高达10%，是黑龙江省黑土地最肥沃的区域，也是大多数农作物梦寐以求的"生长乐园"。

　　绿古五常大米就种植在年光照时长达2629小时、年均无霜期达130天、年均降水量达608毫米的地方。这里的大米不会受到低温损害，能吸收到充足的水分。生长出来的大米拥有颗粒饱满、形态均匀、腹白、正统的特点。

　　最适合绿谷五常大米的烹饪方式就是直接蒸食。蒸熟后的大米油亮筋道，软糯适中有嚼劲，浓郁的米香溢满口腔。在肥沃的黑土地和优越自然环境的共同加持下生长出的绿古五常大米，口味自然不一般。

7 延兴之岛木耳（黑木耳）

推荐语：延军农场好木耳，好吃忘不掉

星级：
熊猫指数：**84**

→ 感官关键词：菌香浓郁、耳片较厚、水灵有嚼劲
→ 企业名称：北大荒集团黑龙江延军农场有限公司
→ 采收时间：6月~10月
→ 企业负责人：孙玉萍　电话：15145853922
→ 销售联系人：孙玉萍　电话：15145853922
→ 基地地址：黑龙江省鹤岗市萝北县中央街黑龙江省延军农场
→ 如何到达：从佳木斯出发，途经鹤大高速，全程160千米，
　　　　　　耗时2小时30分钟

8 关东地大米（绥粳18）

推荐语：创下"同一地点插秧人数最多"的吉尼斯世界纪录

星级：
熊猫指数：**82**

→ 感官关键词：洁白透亮、清甜微香、爽弹有嚼劲
→ 企业名称：通河县远古米业有限公司
→ 采收时间：10月
→ 企业负责人：王熠星　电话：18714700111
→ 销售联系人：王熠星　电话：18714700111
→ 基地地址：黑龙江省哈尔滨市通河县祥顺镇永乐村台头屯
→ 如何到达：从哈尔滨机场出发，途经哈尔滨绕城高速、哈
　　　　　　同高速，全程270.6千米，耗时3小时7分钟

9 煦米优粮胚芽米（如玉软香）

推荐语：煦米优粮，满屋飘香

星级：🌱
熊猫指数：**80**

→ **感官关键词**：清甜有嚼劲、香味浓郁、黏弹适中
→ **企业名称**：黑龙江禾煦丰生态科技有限公司
→ **采收时间**：9 月 ~10 月
→ **企业负责人**：温铁军　电话：18901128555
→ **销售联系人**：温铁军　电话：18901128555
→ **基地地址**：黑龙江省五常市卫国乡卫国村
→ **如何到达**：从哈尔滨机场出发，途经机场高速、吉黑公路，全程 143.6 千米，耗时 2 小时 46 分钟

一碗稻香

　　中国是世界上当之无愧的稻米王国，这不仅是因为我们种植和消费了全世界30%的大米，也因为我们拥有世界上最悠久的稻米栽培历史，也拥有世界上最丰富的水稻种质资源。

　　中国种植水稻的历史有多悠久，大家去一趟国家博物馆就知道了。在那里展出有河姆渡文化遗址中出土的稻谷。河姆渡文化距今已经7000年了，更让人震惊的是，河姆渡出土的稻谷数量超过10吨。这意味着，在7000年前，水稻已经是当地人的主粮了。

　　稻、黍、稷、麦、菽是中国古代的五谷，其中，水稻排在第一。在湖南紫鹊山、贵州加榜、云南元阳等很多地方，至今还在耕作保留千年的大型水稻梯田。

对于我们每日都吃的这碗米饭，其实还有很多知识大家并不了解。

首先，全世界一半的人都吃大米，消费量大的国家是中国、印度、印尼、越南、泰国、日本、韩国和美国，西班牙和意大利的菜单中也有大米。其中，印度的巴斯马蒂香米、泰国的茉莉香米、日本的越光米都是世界级的著名大米。

其次，大米主要分为粳米（北方米）、籼米（南方米）、糯米和其他米。中国由于地大物博，所有这些大米品种咱们都有，粳米的代表是五常大米、响水大米等，籼米的代表是丝苗米、遮放贡米，糯米常被用来做粽子和年糕，黑米、红米等产量不大，但具有较好的营养价值。相比之下，印度、泰国、柬埔寨主要以籼米为主，日本、韩国主要以粳米为主，世界上只有中国，拥有如此富饶而广阔的国土面积并广泛种植水稻，纬度跨度从北纬54°的漠河到北纬4°的曾母暗沙，农耕历史不仅悠久，水稻品种也是世界上最全的。

但不幸的是，稻米王国丢失了大米的话语权。这是怎么回事呢？原因在于中国大米尽管产量巨大，但缺乏标准、品牌和话语权建设。在国际上，泰国香米成了南方米型的代表，日本越光米成了北方米型的代表。尤其是日本，在过去几十年中，通过研发大米食味值评价体系（即大米风味轮），并持续推广种植特A级大米，再加上日本人骨子里的稻米崇拜，今天，越光米、秋田小町米成为国际公认的优质大米，山田锦成为清酒品质的重要保障。

他山之石可以攻玉。

日本大米的发展之路其实是值得我们借鉴的。日本人凭着匠人精神，种植、改良、评价大米，几乎达到了精神崇拜的地步。日本稻米检定协会作为第三方测评机构，长期坚持对日本的特A级大米进行食味值测评。在1989年，日本第一次推出特A级大米的时候，只有越光米和秋田小町两款。经过几十年的测评和品质化发展，目前，日本特A级大米已有几十款，产量已经占到日本大米总产量的一半以上。因为食味值公开，消费者拥有了更多知情权和选择权，不会出现80分的大米卖得比90分的大米还贵的现象，大米市场品质化良性发展。甚至在日本东京银座最贵的地段，还出现了AKOMEYA（中文名是"一间米屋"）这样的一家大米专卖店，开在奢侈品爱马仕的边上。AKOMEYA只卖18款精选大米和与米饭相关的厨具和调味品。AKOMEYA销售的大米不仅包装精美，而且食味值、风味信息等公开透明，简洁明了，消费者可以根据自己的喜好进行购买。随着中国人生活水平的提高，这种消费模式在中国迟早会出现。

回到中国，在熊猫指南榜单上，常年有二十多款大米上榜，论品质绝对是世界级的，但"稻米王国"为什么没有世界影响力的大米？原因在于缺少面向消费者的标准，中国的大米标准多是制定给种植、加工、生产企业的，而不是针对消费者。当然，缺少现代化的品牌打造和市场推广也是重要原因之一。

熊猫指南跟踪调查了一个完整年度的北京市售大米近1000款，发现普遍存在的问题有两个：一是食味值不公开，也就是消费者不知道好吃程度；二是过度加工，大米富含的营养和香气多在表层，过度加工之后，大米的口感和外观会更好些，但营养和香气损失明显。对于过度加工的大米，一个人如果早上吃米粥，中午吃米线，晚上吃米饭，吃的其实都是能量，等于一整天都在吃淀粉团，吃到的营养并不多。

其实，中国有非常丰富的优质大米，这一点毋庸置疑。在中国，消费者可以找到任何一种想要的米，去搭配博大精深的中餐，问题往往出在信息不对称上。作为普通消费者，怎么知道一碗米饭的好吃程度呢？熊猫指南可以帮你解析大米的风味密码。

首先，如何做好一碗米饭？

依据GB/T15682-2008，大米的标准蒸煮方法分为九个步骤：称米、洗米、定量加水、浸泡30分钟、煮饭40分钟、混匀翻松、焖制10分钟、盛饭、品尝。这几个动作中，大家往往忽略了浸泡、煮熟后混匀翻松和再焖制10分钟，这三个动作看似简单，但的确可以让一碗米饭变得更好吃。

其次，如何品鉴一碗米饭呢？

第一步看一看。看米粒完整度和色泽，光泽度、透亮度越高分值就越高；饭粒完整度越好，分值越高；米饭颜色洁白为正常颜色，米饭发黄或发灰程度越高，分值越低。

第二步闻一闻。米饭是否具有特有的香气，香气程度越高分值越高（香米除外），同时，可以判断是否有陈米味或异味，气味越大，分值越低。半个小时后的冷饭如果还有比较明显的香气，那就是好米。

第三步是尝一尝。米饭嚼劲、爽滑性越高，分值越高；反之，米饭松散、不耐嚼、发硬、感觉有渣、粗糙程度越高，分值越低。咀嚼时略有回甘，半个小时后的冷饭不返生，不黏牙，就是好米。

根据上面的介绍，消费者自己在家就能初步辨识一碗大米的品质。

湖北
2023

1 官稀伦晚脐橙（伦晚）

推荐语：美味健康从此刻开始，真正的天然橙子

星级：
熊猫指数：**84**

→ 感官关键词：高甜微酸、味浓多汁、口感细腻
→ 企业名称：巴东肖家沟柑橘种植专业合作社
→ 采收时间：4 月~6 月
→ 企业负责人：肖玉田　电话：13872722509
→ 销售联系人：肖玉田　电话：13872722509
→ 基地地址：湖北省恩施土家族苗族自治州巴东县官渡口镇大坪村
→ 如何到达：从宜昌机场出发，途经沪蓉高速、苏北线，全程
　　　　　　196.4 千米，耗时 2 小时 55 分钟

2 秭味伦晚脐橙（伦晚）

推荐语：高山果园，甜蜜味道

星级：
熊猫指数：**84**

→ 感官关键词：浓甜微酸、果粒微脆、细腻多汁
→ 企业名称：秭归宏强脐橙科技开发有限责任公司
→ 采收时间：4 月~6 月
→ 企业负责人：徐宏强　电话：13507249797
→ 销售联系人：徐宏强　电话：13507249797
→ 基地地址：湖北省宜昌市秭归县沙镇溪镇千将坪村
→ 如何到达：从宜昌机场出发，途经翻坝高速、G348，全程 153
　　　　　　千米，耗时 3 小时 29 分钟

3 塔影钟声洪山菜薹（大股子）

推荐语：湖北千年名菜，一根菜薹一丝乡愁

星级：
熊猫指数：**84**

→ 感官关键词：新鲜水嫩、清甜多汁、口感细腻
→ 企 业 名 称：湖北菱湖尚品洪山菜苔农业发展有限公司
→ 采 收 时 间：每年 11 月～次年 2 月
→ 销 售 渠 道：武汉中百仓储、武商量贩
→ 企业负责人：韩玮　电话：15971457310
→ 销售联系人：刘丽　电话：13971117451
→ 基 地 地 址：湖北省武汉市蔡甸区永安街道高新村
→ 如 何 到 达：从武汉天河机场出发，途经武汉绕城高速、沪渝高速，全程 62.7 千米，耗时 51 分钟

4 绿道草莓（红颜）

推荐语：中国十大好吃草莓之一，有机草莓

星级：
熊猫指数：**84**

→ 感官关键词：果香甜蜜、酸甜浓郁、细腻多汁
→ 企 业 名 称：湖北绿道生态农业科技发展有限公司
→ 采 收 时 间：每年 11 月～次年 2 月
→ 企业负责人：苏刚　电话：13636186188
→ 销售联系人：钟诚　电话：15997837778
→ 基 地 地 址：湖北十堰市郧县青曲镇曲远河村
→ 如 何 到 达：从武汉出发，途经福银高速，全程 460 千米，耗时 5 小时

5 小农夫莲藕（莲藕）

推荐语：生态农场的匠心莲藕

星级：
熊猫指数：**84**

→ 感官关键词：口感爽脆、藕香纯正、滋味清甜
→ 企 业 名 称：武汉市小农夫农业有限公司
→ 采 收 时 间：每年10月～次年2月
→ 企业负责人：杨景勇　电话：15827282940
→ 销售联系人：杨景勇　电话：15827282940
→ 基 地 地 址：湖北省武汉市江夏区乌龙泉街沿湖村15号
→ 如 何 到 达：从武汉出发，途经二环线、文化大道，全程60千米，耗时1小时30分钟

6 晶石玉马大米（鄂中5号）

推荐语：好米湖北当阳出，"白饭也能食三碗"

星级：
熊猫指数：**83**

→ 感官关键词：清香微甜、硬度适中、较有嚼劲
→ 企 业 名 称：当阳市晶石玉马米业有限公司
→ 采 收 时 间：10月
→ 销 售 渠 道：当阳市石马槽水稻种植专业合作社淘宝店，湖北农信微银行利农购
→ 企业负责人：汪家泉　电话：15727209777
→ 销售联系人：汪家泉　电话：15727209777
→ 基 地 地 址：湖北省当阳市庙前镇石马村
→ 如 何 到 达：从武汉天河机场出发，途经武汉绕城高速、沪蓉高速，全程278.8千米，耗时3小时15分钟

湖南
2023

1 恩橙（冰糖橙）

推荐语：电商扶贫 + 互联网金融资源引入，为农产品发展插上翅膀

星级：

熊猫指数：**88**

→ **感官关键词**：个头小巧、酸甜浓郁、无籽多汁
→ **企 业 名 称**：湖南华大农业科技发展股份有限公司
→ **采 收 时 间**：每年 11 月～次年 1 月
→ **销 售 渠 道**：淘乡甜天猫官方旗舰店、叮咚买菜
→ **企业负责人**：罗跃雄　　电话：13973535666
→ **销售联系人**：罗跃雄　　电话：13973535666
→ **基 地 地 址**：湖南省郴州市永兴县樟树镇树头村
→ **如 何 到 达**：从郴州市出发，途经京港澳高速、永兴大道、240 国道，全程 78.2 千米，耗时 1 小时 29 分

　　恩橙孕育自中国冰糖橙之乡——湖南省永兴县。这里四季分明、光热充足、降水充沛，全年平均温度16℃～18℃，无霜期253～311天。果形圆润饱满，表皮如羊脂般嫩滑，通体橙黄布满光泽，好像一个个黄色灯笼。轻轻剥开，水嫩细腻的果肉仿佛要马上挣脱瓣膜，水润感呼之欲出，一口下去好不过瘾。

2 一朵鲜舞茸（灰树花）

推荐语：因见者手舞足蹈而得名的传奇菌菇

星级：
熊猫指数：**88**

→ **感官关键词**：菌香明显、鲜味浓郁、口感较脆
→ **企业名称**：湖南味菇坊生物科技股份有限公司
→ **采收时间**：全年
→ **销售渠道**：盒马鲜生、沃尔玛、山姆会员店
→ **企业负责人**：李剑伟　电话：15243882813
→ **销售联系人**：刘盈　电话：15273882813
→ **基地地址**：湖南省娄底市娄星区万宝镇东冲村
→ **如何到达**：从长沙机场出发，途经长沙绕城高速、沪昆高速，全程 153.6 千米，耗时 1 小时 49 分钟

　　鲜舞茸，俗称"灰树花"。古时候因其珍贵稀少，且其肉质柔嫩、具有松茸般的芳香，在深山找到它的人会兴奋得手舞足蹈，因此得名。舞茸营养丰富，富含蛋白质、维生素、微量元素和生物素，能够加快新陈代谢。烹饪后的舞茸菌冠口感清脆，茎部柔韧有嚼劲，比例均衡，厚厚的伞肉和脆脆的菇茎之间形成奇妙的平衡。

3　十八道农特冰糖橙（冰糖橙）

推荐语："橙"意十足，甜蜜冰糖口感，皮薄肉厚，鲜嫩可口

星级：
熊猫指数：**84**

➡ 感官关键词：高甜微酸、果肉脆嫩、无籽多汁
➡ 企 业 名 称：怀化十八道农业发展有限公司
➡ 采 收 时 间：11 月~12 月
➡ 企业负责人：吴锋　电话：15115154646
➡ 销售联系人：吴锋　电话：15115154646
➡ 基 地 地 址：湖南省怀化市洪江市岩垅乡江坼村
➡ 如 何 到 达：从怀化机场出发，途经沪昆高速、包茂高速，全程
　　　　　　　　57.5 千米，耗时 1 小时 4 分钟

4　果果绿冰糖橙（冰糖橙）

推荐语：麻阳冰糖橙，阳光下的活力鲜果，酸甜佳品，一口满足

星级：
熊猫指数：**84**

➡ 感官关键词：皮薄肉软、甜度较高、无籽多汁
➡ 企 业 名 称：湖南佳惠果果绿农业科技有限公司
➡ 采 收 时 间：11 月~12 月
➡ 销 售 渠 道：佳惠超市
➡ 企业负责人：付文华　电话：15801277830
➡ 销售联系人：付文华　电话：15801277830
➡ 基 地 地 址：湖南省怀化市麻阳县高村镇高村
➡ 如 何 到 达：从怀化机场出发，途经长芷高速、包茂高速，全程
　　　　　　　　70.7 千米，耗时 1 小时 26 分钟

5 玲珑猫橘（东江湖蜜橘）

推荐语：5A 景区旁的蜜橘

星级：
熊猫指数：**84**

→ **感官关键词**：酸甜可口、细腻多汁、无籽
→ **企 业 名 称**：湖南农小丫乡村游文化发展有限公司
→ **采 收 时 间**：9 月~10 月
→ **企业负责人**：刘杰明　电话：18579072888
→ **销售联系人**：刘杰明　电话：18579072888
→ **基 地 地 址**：湖南省郴州市资兴市清江镇
→ **如 何 到 达**：从郴州出发，途经郴州大道、S219，全程 95 千米，耗时 2 小时 20 分钟

6 十八道农特黄金贡柚（黄金贡柚）

推荐语：黄金贡柚，柚香至心，清香甘甜

星级：
熊猫指数：**83**

→ **感官关键词**：皮薄多汁、甜高酸低、细腻顺滑
→ **企 业 名 称**：怀化十八道农业发展有限公司
→ **采 收 时 间**：每年 11 月~次年 2 月
→ **企业负责人**：吴锋　电话：15115154646
→ **销售联系人**：吴锋　电话：15115154646
→ **基 地 地 址**：湖南省怀化市洪江市岩垅乡江坵村
→ **如 何 到 达**：从怀化机场出发，途经沪昆高速、包茂高速，全程 57.5 千米，耗时 1 小时 4 分钟

7 猕妮猕猴桃（东红）

推荐语：土家族的水润猕猴桃，颜值与口感并存的"VC 小巨蛋"

星级：

熊猫指数：**84**

→ **感 官 关 键 词**：甜酸浓郁、果肉沙软、细腻无渣

→ **企 业 名 称**：永顺县硒源农业开发有限公司

→ **采 收 时 间**：8 月 ~9 月

→ **企 业 负 责 人**：罗锦妹　电话：18174399368

→ **销 售 联 系 人**：罗锦妹　电话：18174399368

→ **基 地 地 址**：湖南省湘西土家族苗族自治州永顺县松柏镇湖坪村

→ **如 何 到 达**：从张家界市出发，途经 G352、张花高速，全程 85.6 千米，耗时 1 小时 40 分钟

吉林
2023

1 喜乐掰掰甜糯玉米（博斯糯9号）

推荐语：深山种植，泉水灌溉，粒粒饱满，安心之选

星级：
熊猫指数：**89**

→ **感官关键词**：籽粒饱满、脆爽较鲜嫩、口感较黏
→ **企 业 名 称**：敦化市谷丰大豆玉米种植专业合作社
→ **采 收 时 间**：7月~10月
→ **销 售 渠 道**：喜乐掰掰鲜食玉米淘宝店、喜乐掰掰天猫旗舰店
→ **企 业 负 责 人**：丁淇　电话：19904338999
→ **销 售 联 系 人**：丁淇　电话：19904338999
→ **基 地 地 址**：吉林省延边朝鲜族自治州敦化市大石头镇三道河子村
→ **如 何 到 达**：从延吉市出发，途经延龙高速、珲乌高速，全程132.3千米，耗时1小时42分。

　　喜乐掰掰甜糯玉米基地位于吉林长白山脉北麓，这里年均气温在 -7℃~3℃，年降水量在400~800毫米，年日照近3000小时，得天独厚的环境造就了玉米的极高品质。

　　喜乐掰掰甜糯玉米兼具糯玉米的软糯喷香和甜玉米的清甜可口，唇齿的每次嚼动都能带来双重满足，脆嫩的外皮在牙齿的侵袭下绽开，露出糯黏绵软的玉米肉，香、脆、糯、甜，口感极其丰富。上锅蒸煮或微波炉加热，淡淡谷物清香便飘满全屋，瞬间食欲大增。

2 东北农嫂真空保鲜甜玉米穗（奥弗兰）

推荐语：先正达集团选育的奥弗兰甜玉米，大人小孩都爱吃

星级：
熊猫指数：**84**

→ 感官关键词：香气浓郁、鲜嫩多汁、籽粒脆爽
→ 企 业 名 称：吉林省农嫂食品有限公司
→ 采 收 时 间：7 月 ~10 月
→ 销 售 渠 道：国内 20 多个省、市、自治区和国外 16 个国家及地区
→ 企业负责人：隋书侠　电话：15500196666
→ 销售联系人：李晓玲　电话：15622057777
→ 基 地 地 址：吉林省长春市公主岭市环岭街道迎新村国家农业科技园区
→ 如 何 到 达：从长春龙嘉国际机场出发，途经长春绕城高速、京哈高速，全程 101 千米，耗时 1 小时 17 分钟

3 德乐圆老关东有机鲜糯玉米（绿糯 619）

推荐语：老关东玉米 原种培育 古法种植

星级：
熊猫指数：**84**

→ 感官关键词：粒小饱满、脆爽鲜嫩、口感较软黏
→ 企 业 名 称：吉林德乐农业开发有限公司
→ 采 收 时 间：8 月 ~9 月
→ 销 售 渠 道：德乐圆京东官方旗舰店、德乐圆食品天猫旗舰店
→ 企业负责人：李阳　电话：13944470841
→ 销售联系人：李阳　电话：13944470841
→ 基 地 地 址：吉林省长春市公主岭市朝阳坡镇孔家村三组村部道西
→ 如 何 到 达：从长春市出发，途经长春绕城高速、京哈高速，全程 74.9 千米，耗时 1 小时 11 分钟

4 米管家德惠小町米（吉粳 88）

推荐语：产自中国优质小町米之乡

星级：
熊猫指数：**84**

- ➡ 感官关键词：洁白透亮、爽滑有嚼劲、清甜回甘
- ➡ 企 业 名 称：吉林省松江佰顺米业有限公司
- ➡ 采 收 时 间：10 月
- ➡ 销 售 渠 道：谷怡斋生态小町天猫旗舰店、米管家抖音官方旗舰店
- ➡ 企业负责人：方禾亮　电话：13500898228
- ➡ 销售联系人：钟启梁　电话：13274313366
- ➡ 基 地 地 址：吉林省长春市德惠市岔路口镇南长沟村
- ➡ 如 何 到 达：从长春机场出发，途经九德公路、X017，全程 120.6 千米，耗时 2 小时 12 分钟

5 吗西达大米（吉粳 81）

推荐语：优质的延边大米，吗西达（朝鲜语，意为"很好吃"）

星级：
熊猫指数：**84**

- ➡ 感官关键词：油亮诱人、冷饭不回生、清甜鲜香
- ➡ 企 业 名 称：和龙东城淳哲有机大米农场有限公司
- ➡ 采 收 时 间：10 月
- ➡ 销 售 渠 道：吗西达有机农业抖音店
- ➡ 企业负责人：金君　电话：18626958888
- ➡ 销售联系人：金君　电话：18626958888
- ➡ 基 地 地 址：吉林省延边朝鲜族自治州和龙市东城镇光东村
- ➡ 如 何 到 达：从延吉机场出发，途经龙太线、G334，全程 28.5 千米，耗时 33 分钟

6 袁氏国米（隆粳香 88 号）

推荐语：精耕细作，丰富东北大米品种多样性

星级：
熊猫指数：**83**

- 感官关键词：清甜回甘、软硬适中、油亮诱人
- 企 业 名 称：永吉县九月丰家庭农场
- 采 收 时 间：10 月
- 企 业 负 责 人：肖建波　电话：13894727888
- 销 售 联 系 人：肖建波　电话：13894727888
- 基 地 地 址：吉林省吉林市永吉县一拉溪镇新兴村
- 如 何 到 达：从长春机场出发，途经珲乌高速、长吉南线，全程 77.3 千米，耗时 1 小时 3 分钟

江苏
2023

1 神园葡萄（园香指）

推荐语：神园，一生只为一颗好葡萄

星级：🌱
熊猫指数：**90**

➡ **感官关键词**：高甜浓郁、肉质细腻、顺滑多汁
➡ **企业名称**：张家港市神园葡萄科技有限公司
➡ **采收时间**：7 月~8 月
➡ **企业负责人**：徐卫东　电话：13901560993
➡ **销售联系人**：张艺馨　电话：18962222010
➡ **基地地址**：张家港市杨舍镇福前村
➡ **如何到达**：从无锡市出发，途经 G2 京沪高速、G4221
　　　　　　　沪武高速、S23 靖张高速，全程 67 千米，
　　　　　　　耗时 1 小时 3 分钟

　　园香指是国产自育优质品种，每年的 7 月成熟，比阳光玫瑰早熟 20 天。果穗圆锥形，果粒椭圆形，中等紧密，黄色，果皮薄，果肉脆，浓玫瑰香，浓甜汁多，不掉粒，浓香浓甜，是一款"萄"人欢心的好葡萄。

2 碧波青宁绿芦笋（格兰德）

推荐语：原汁原味的新鲜感，回归自然的美味

星级：
熊猫指数：**89**

→ 感官关键词：清甜无苦味、鲜味浓郁、细嫩爽滑
→ 企 业 名 称：江苏省靖江市雄狮农业科技有限公司
→ 采 收 时 间：3 月~11 月
→ 销 售 渠 道：我买网、果时汇、北菜园、芦笋家庭微信公众号
→ 企业负责人：韩青　电话：13861625568
→ 销售联系人：韩青　电话：13861625568
→ 基 地 地 址：江苏省泰州市靖江市马桥镇严家港路 1008 号
→ 如 何 到 达：从无锡市出发，途经快速内环南、京沪高速，全程 72.5 千米，耗时 1 小时 8 分

　　食材最能感受到季节交替。清甜水嫩、质软细腻的芦笋，就是春天的味道。产自江苏靖江的碧波青宁绿芦笋（格兰德），受独特的亚热带湿润气候的滋养，生长在富含丰富有机沙质的土壤里，比起普通芦笋，颜色更青翠碧绿，肉质更鲜嫩多汁。

3 我有好桃（白凤）

推荐语：我有好桃——阳山匠心水蜜桃

星级：
熊猫指数：**89**

→ **感官关键词**：香甜味浓、软糯多汁、细腻无丝
→ **企 业 名 称**：惠山区阳山镇胡娟家庭农场
→ **采 收 时 间**：7 月
→ **企业负责人**：胡娟　电话：15852736968
→ **销售联系人**：胡娟　电话：15852736968
→ **基 地 地 址**：江苏省无锡市惠山区阳山镇洪桥路胡
　　　　　　　　娟家庭农场
→ **如 何 到 达**：从无锡机场出发，途经机场快速路、快
　　　　　　　　速内环东，全程 45 千米，耗时 1 小时

　　阳山气候温暖湿润，四季分明，阳光充足，雨量充沛，无霜期长，造就了水蜜桃果大色美、香气浓郁、皮薄肉细、汁多味甜的品质。白凤这款水蜜桃，是大多数人心中的"仙桃"。桃肉没有絮渣，细嫩如凝脂，柔软到可以用勺挖着吃，也可以捋着吃，浓甜又细腻，汁水饱满，入口即化，满足人们对桃子的一切幻想。

晶健南粳 46（南粳 46）

推荐语：自然稻香，品种优良

星级：
熊猫指数：**85**

→ 感官关键词：白而油亮、黏弹适中、滋味清甜
→ 企 业 名 称：南京晶健米业有限公司
→ 采 收 时 间：10 月 ~11 月
→ 销 售 渠 道：南京晶健官方商城天猫店
→ 企业负责人：沈爱保　电话：13776528777
→ 销售联系人：郑萍　电话：18168420525
→ 基 地 地 址：江苏省南京市溧水区和凤镇中杨村
→ 如 何 到 达：从南京禄口国际机场出发，途经宁宣高速、
　　　　　　　毛公铺路，全程 51.8 千米，耗时 41 分钟

　　南粳 46，由江苏省农业科学院粮食作物研究所选育，它的突出优点是稻米品质优。该品种综合了母本武香粳 14 的香味和父本关东 194 的软米特性，米饭晶莹剔透，口感柔软滑润，富有弹性，冷而不硬，食味品质极佳，2010 年被评为全国"优质食味粳米"。

5 猴子岭杨梅（荸荠）

推荐语：悠远林荫道，梅香环山绕

星级：
熊猫指数：**84**

→ **感官关键词**：个头小巧、酸甜味浓、果肉紧实
→ **企 业 名 称**：宜兴市张渚镇猴子岭果林生态园
→ **采 收 时 间**：6 月
→ **企业负责人**：舒顺生　电话：13606157937
→ **销售联系人**：舒顺生　电话：13606157937
→ **基 地 地 址**：江苏省无锡市宜兴市张渚镇南门村
→ **如 何 到 达**：从无锡出发，途经沪宜高速、长深高速，全程 98.1 千米，耗时 1 小时 29 分钟

6 太湖阳山桃（白凤）

推荐语：阳山核心产区的水蜜桃

星级：
熊猫指数：**84**

→ **感官关键词**：清甜爽口、味美多汁、桃香纯正
→ **企 业 名 称**：无锡太湖阳山水蜜桃科技有限公司
→ **采 收 时 间**：6 月~7 月
→ **销 售 渠 道**：杭州联华、盒马鲜生、上海 Costco、深圳壹果、沃尔玛、艾格吃饱了、叮咚买菜
→ **企业负责人**：葛新惠　电话：18936076913
→ **销售联系人**：葛新惠　电话：18936076913
→ **基 地 地 址**：江苏省无锡市惠山区丁庄路与洪桥线交叉路口往西南约 70 米
→ **如 何 到 达**：从无锡出发，途经机场快速路、快速内环东，全程 30 千米，耗时 1 小时

7 桃博士阳山水蜜桃（湖景蜜露）

推荐语：太湖边长出的阳山水蜜桃领军代表

星级：🌾
熊猫指数：**84**

→ 感官关键词：味甜可口、口感软糯、饱满多汁
→ 企 业 名 称：无锡市阳山镇桃博士水蜜桃专业合作社
→ 采 收 时 间：6 月~8 月
→ 企业负责人：恽晶慧　电话：13327900369
→ 销售联系人：恽晶慧　电话：13327900369
→ 基 地 地 址：江苏省无锡市惠山区阳山镇火炬村
→ 如 何 到 达：从无锡市出发，途经环太湖公路、西环路，全
　　　　　　　程 18 千米，耗时 41 分钟

8 田园东方桃（晚湖景）

推荐语：田园综合体下的观光水蜜桃桃园

星级：🌾
熊猫指数：**84**

→ 感官关键词：桃香清馨、清甜无酸、软糯多汁
→ 企 业 名 称：无锡田园东方农业发展有限公司
→ 采 收 时 间：7 月
→ 销 售 渠 道：盒马鲜生
→ 企业负责人：李小鹏　电话：18305178883
→ 销售联系人：李小鹏　电话：18305178883
→ 基 地 地 址：江苏省无锡市惠山区阳山镇新渎街 1 号
→ 如 何 到 达：从无锡机场出发，途经机场快速路、快速内环东，
　　　　　　　全程 45 千米，耗时 1 小时

9 丰收大地番茄（黄金美人）

推荐语：黄金美人，番茄新宠

星级：
熊猫指数：**84**

→ **感官关键词：** 皮韧肉细、浓甜多汁、个头均匀
→ **企业名称：** 江苏丰收大地种业发展有限公司
→ **采收时间：** 5月~7月
→ **企业负责人：** 周志疆　电话：18616312755
→ **销售联系人：** 周志疆　电话：18616312755
→ **基地地址：** 江苏省盐城市大丰区疏港路199号
→ **如何到达：** 从南京出发，途经阜溧高速、盐靖高速，全程292.8千米，耗时3小时9分钟

10 苏冠软香米（南粳9108）

推荐语：一碗好饭，品味苏冠

星级：
熊猫指数：**84**

→ **感官关键词：** 清甜细软、米饭微香、黏弹适中
→ **企业名称：** 江苏光明天成米业有限公司
→ **采收时间：** 10月~11月
→ **企业负责人：** 韦伟　电话：13601837866
→ **销售联系人：** 韦伟　电话：13601837866
→ **基地地址：** 江苏省兴化市戴窑镇三元东村
→ **如何到达：** 从南京机场出发，途经阜溧高速、盐靖高速，全程250.4千米，耗时3小时9分钟

江西
2023

1 乐脐脐橙（纽荷尔）

推荐语：美味多汁，带你追寻阳光里的味道

星级：
熊猫指数：**84**

→ 感 官 关 键 词：高甜低酸、浓郁多汁、果肉细腻
→ 企 业 名 称：赣州乐脐农业发展有限公司
→ 采 收 时 间：11 月 ~12 月
→ 企 业 负 责 人：陈同华　电话：13763974688
→ 销 售 联 系 人：陈同华　电话：13763974688
→ 基 地 地 址：江西省赣州市安远县新龙乡小孔田村
→ 如 何 到 达：从南昌机场出发，途经南韶高速、宁定高速，
　　　　　　　　全程 486.2 千米，耗时 5 小时 10 分钟

2 装天窝脐橙（纽荷尔）

推荐语：开花到成熟，历经 200 多天，时光记录的美味

星级：
熊猫指数：**84**

→ 感 官 关 键 词：甜高酸低、果粒饱满、清爽多汁
→ 企 业 名 称：安远县装天窝生态农业专业合作社
→ 采 收 时 间：11 月 ~12 月
→ 企 业 负 责 人：谢鑫　电话：15979784571
→ 销 售 联 系 人：谢鑫　电话：15979784571
→ 基 地 地 址：江西省赣州市安远县镇岗乡黄洞村
→ 如 何 到 达：从南昌机场出发，途经南韶高速、宁定高速，
　　　　　　　　全程 510.1 千米，耗时 5 小时 28 分钟

辽宁
2023

1 艺树家樱桃（俄罗斯 8 号）

推荐语：艺树家专注樱桃 30 年

星级：
熊猫指数：**98**

→ 感官关键词：酸甜浓郁、微脆多汁、紧实细腻
→ 企 业 名 称：大连市绿海农业开发有限公司
→ 采 收 时 间：4 月 ~5 月
→ 企业负责人：董智勇　电话：13154261234
→ 销售联系人：董智勇　电话：13154261234
→ 基 地 地 址：辽宁省瓦房店市驼山乡大魏村绿海农业开发有限公司
→ 如 何 到 达：从大连机场出发，途经沈海高速、复大县，全程 127.4 千米，耗时 1 小时 48 分

　　樱桃是大连丰饶物产的典型代表之一。这里山地丘陵多，平原低地少，整个地形北高南低，北宽南窄，夏无酷暑，冬无严寒，辅以海洋的调节，是世界公认的大樱桃最佳种植区之一。艺术家樱桃就孕育在这北纬39°的寒暑交界地带。它是经中国绿色食品发展中心认证的绿色食品Ａ级产品，种植端采用先进的生态管理技术，科学运用优质有机肥料，使成品口感脆甜，果味浓郁，果形优美。咬上一口，清冽、脆甜，还有爆浆感，让人心情愉悦。

2 富见樱桃（美早）

推荐语：葫芦岛的一颗好吃樱桃

星级： ✔
熊猫指数：**89**

→ **感官关键词**：甜酸可口、果肉紧实、硬脆多汁
→ **企 业 名 称**：绥中县富见果业专业合作社
→ **采 收 时 间**：4月~5月
→ **企业负责人**：付建 电话：15242992345
→ **销售联系人**：付建 电话：15242992345
→ **基 地 地 址**：辽宁省葫芦岛市绥中县范家富见大樱桃园
→ **如 何 到 达**：从葫芦岛北站出发，途经京哈高速、沙范线，全程105.8千米，耗时1小时50分

　　富见大樱桃园坐落于辽宁省绥中县三山风景区内，全年日光充沛，四季分明。园区一面碧水环绕，三面青山环抱，造就了一处全年无霾、犹如仙境的天然种植地。富见大樱桃自然成熟、肥厚多汁、沁人心脾，其表皮如紫檀，平均果糖甜度20，以独有的口感、优秀的品质得到了广大消费者的青睐。

3 炫彩丽妃蜜水果番茄（炫彩 2 号）

推荐语：生食的新型水果"草莓西红柿"

星级：
熊猫指数：**89**

→ 感官关键词：酸甜浓郁、口感脆沙、细腻顺滑
→ 企 业 名 称：北京金佰源农业科技有限公司
→ 采 收 时 间：每年 10 月～次年 7 月
→ 销 售 渠 道：炫彩天猫旗舰店、炫彩果蔬陈姐抖音店
→ 企业负责人：陈涛　电话：17301164996
→ 销售联系人：陈涛　电话：17301164996
→ 基 地 地 址：河北省秦皇岛市抚宁区抚宁镇刘庄村 / 辽宁
　　　　　　　省新民市北票市县台吉镇宋杖子村
→ 如 何 到 达：从高铁秦皇岛站出发，途经北环西路、京
　　　　　　　抚线，全程 27.1 千米，耗时 43 分钟

　　炫彩丽妃蜜水果番茄八成熟就可食用，这时的果实呈粉红色，果肉青黄相间，脆甜微酸。随着成熟度增加，果皮变得红亮，果肉绵密多汁。掰成两半，快速嗍上一口最中间的沙瓤，呈现在果肉中的黄金酸甜比就争先恐后地炸开。虽然这款水果源自日本高糖番茄系，但实际上，它的糖度并不高，就算是减肥期间也可以放心食用。

4 鸭绿江米（越光）

推荐语：白鹭之乡亦产米，越光大米数鸭米

星级：
熊猫指数：**85**

➜ **感官关键词**：晶莹小巧、饱满香甜、软硬适中
➜ **企 业 名 称**：辽宁鸭绿江米业（集团）有限公司
➜ **采 收 时 间**：10 月
➜ **销 售 渠 道**：淘宝鸭绿江旗舰店
➜ **企业负责人**：谢铁义　电话：17504267777
➜ **销售联系人**：孙壮　电话：18641533692
➜ **基 地 地 址**：辽宁省东港市椅圈镇椅圈村
➜ **如 何 到 达**：从沈阳机场出发，途经丹阜高速、鹤大高速，全程 282.1 千米，耗时 3 小时 23 分钟

　　鸭绿江越光米是东港大米的主要代表，经历 180 天超长生长期、由天然无污染的鸭绿江水系灌溉孕育而成，圆润、均匀、饱满，色泽如玉般晶莹透亮，口感清淡软糯，越嚼越香，带着丝丝清甜，被誉为"不用配菜的米饭"。

5 庆天草莓（红颜）

推荐语：好吃草莓看庆天

星级：

熊猫指数：**84**

- ➔ 感官关键词：果香馥郁、甜酸浓郁、细腻籽感弱
- ➔ 企业名称：建平县深井镇庆天草莓种植专业合作社
- ➔ 采收时间：每年 12 月～次年 3 月
- ➔ 企业负责人：孙元国　电话：13644214009
- ➔ 销售联系人：孙元国　电话：13644214009
- ➔ 基地地址：辽宁省朝阳市建平县庆天草莓基地
- ➔ 如何到达：从北京市出发，途经大广高速、长深高速，
　　　　　　全程 444 千米，耗时 6 小时

6 玖玖农场草莓（红颜）

推荐语：中国草莓协会实验基地，全链条规范管理

星级：

熊猫指数：**84**

- ➔ 感官关键词：个大鲜红、酸甜适口、果肉细腻
- ➔ 企业名称：丹东玖玖农业有限公司
- ➔ 采收时间：每年 12 月～次年 4 月
- ➔ 销售渠道：百果园
- ➔ 企业负责人：徐岗　电话：13464552288
- ➔ 销售联系人：徐岗　电话：13464552288
- ➔ 基地地址：辽宁省丹东市东港市椅圈镇吴家村
- ➔ 如何到达：从大连出发，途经鹤大高速，全程 250 千米，耗时 2 小时 30 分钟

7 圣野果源草莓（红颜）

推荐语：情怀流淌，果香弥漫

星级：
熊猫指数：**83**

→ 感官关键词：个大硬实、酸甜平衡、细腻多汁
→ 企 业 名 称：丹东市圣野浆果专业合作社
→ 采 收 时 间：每年 12 月~次年 4 月
→ 销 售 渠 道：地利生鲜、天猫圣野果源水果旗舰店、拼多
　　　　　　　多优果恋旗舰店、百果园、果多美
→ 企业负责人：马廷东　电话：18342549777
→ 销售联系人：马廷东　电话：18342549777
→ 基 地 地 址：辽宁省丹东东港市十字街镇赤榆村宋家堡组
→ 如 何 到 达：从大连出发，途经鹤大高速，全程 274 千米，
　　　　　　　耗时 3 小时

8 北旺里樱桃（美早）

推荐语：六年荒山造林，好樱桃也要好生态

星级：
熊猫指数：**84**

→ 感官关键词：个大肉厚、滋味浓郁、紧实多汁
→ 企 业 名 称：大连东阳生态农业发展有限公司
→ 采 收 时 间：3 月~6 月
→ 销 售 渠 道：北旺里樱桃淘宝店
→ 企业负责人：王丹阳　电话：18041172553
　销售联系人：何泉震　电话：13478738888
　基 地 地 址：辽宁省大连市瓦房店市泡崖乡五间房村
　如 何 到 达：从大连周水子机场出发，途经爱大线、沈海
　　　　　　　高速，全程 91.4 千米，耗时 1 小时 22 分钟

9 粳冠玉粳香盘锦大米（玉粳香）

推荐语：玉粳香优质有机盘锦大米

星级：
熊猫指数：**83**

→ **感官关键词**：白亮诱人、清甜微香、软硬适中
→ **企业名称**：盘锦鼎翔米业有限公司
→ **采收时间**：10 月
→ **销售渠道**：华润 Ole、大润发、永辉超市
→ **企业负责人**：赵春林　电话：15694270031
→ **销售联系人**：蒙俊杰　电话：15694279870
→ **基地地址**：辽宁省盘锦市兴隆台区新生街鼎翔路 19 号
→ **如何到达**：从沈阳桃仙机场出发，途经沈阳绕城高速、京哈高速，全程 182.6 千米，耗时 2 小时 18 分钟

10 宇光南果梨（南果梨）

推荐语：南果梨，小时候的味道，色泽纯正，口感香甜

星级：
熊猫指数：**80**

→ **感官关键词**：果香馥郁、酸甜浓郁、肉软多汁
→ **企业名称**：海城市祝家庄南果梨种植专业合作社
→ **采收时间**：9 月
→ **企业负责人**：姚吉利　电话：13842240738
→ **销售联系人**：姚吉利　电话：13842240738
→ **基地地址**：辽宁省鞍山市海城市马风镇祝家村
→ **如何到达**：从沈阳桃仙机场出发，途经沈海高速、S322，全程 161.6 千米，耗时 2 小时 29 分钟

1 伊甜伊糯玉米（叶酸玉米）

推荐语：一棒玉米，吃出两种口感，既甜又糯，让舌尖享受纯正的玉米香味

星级：
熊猫指数：**89**

➔ 感官关键词：滋味香甜、口感较黏糯、顺滑多汁
➔ 企 业 名 称：青岛兴禾玉米技术有限公司
➔ 采 收 时 间：9月
➔ 企业负责人：王伟　电话：15318728066
➔ 销售联系人：王伟　电话：15318728066
➔ 基 地 地 址：内蒙古自治区乌兰察布市凉城县麦胡图镇
➔ 如 何 到 达：从北京坐高铁到乌兰察布，距离342.4千米，耗时1小时47分钟。从乌兰察布市出发，途经京青线、X552，全程72.4千米，耗时1小时22分钟

伊甜伊糯叶酸玉米孕育自内蒙古自治区乌兰察布市凉城县，这里平均海拔1731.5米，昼夜温差大，年日照时数超过3000小时，赋予玉米独树一帜的品质和极高的营养价值。

伊甜伊糯叶酸玉米每100克叶酸含量约为177微克，达到普通玉米的4倍左右，只吃一根，就足以满足成人所需的摄入量。不仅如此，伊甜伊糯叶酸玉米兼具糯玉米的软糯喷香和甜玉米的清甜可口，唇齿的每次嚼动都能带来双重满足。

2 天赋圣蜜蜜瓜（华莱士）

推荐语：沁心瓜香飘万里，爽口味美甜如蜜，被誉为瓜中"仙品"

星级：
熊猫指数：**84**

- → 感官关键词：浓甜多汁、绵软细腻、瓜香纯正
- → 企 业 名 称：磴口县四季鲜种植业农民专业合作社
- → 采 收 时 间：4 月 ~8 月
- → 企业负责人：崔胜军　电话：15804783871
- → 销售联系人：崔胜军　电话：15804783871
- → 基 地 地 址：内蒙古自治区巴彦淖尔市磴口县巴镇北
  　　　　　　　滩村一社
- → 如 何 到 达：从巴彦淖尔机场出发，途经京藏高速，
  　　　　　　　全程 107.4 千米，耗时 1 小时 18 分钟

3 叁色栗栗南瓜（贝栗美）

推荐语：口感粉糯，甜腻，分级包装，分选与物流完善

星级：
熊猫指数：**84**

- → 感官关键词：滋味较甜、口感粉糯、细腻顺滑
- → 企 业 名 称：上海禹沃供应链管理有限公司
- → 采 收 时 间：9 月
- → 企业负责人：孙晓垒　电话：15762700208
- → 销售联系人：孙晓垒　电话：13287467985
- → 基 地 地 址：内蒙古自治区巴彦淖尔市临河区金伯利农场
- → 如 何 到 达：从乌海市出发，途经京藏高速、新华西街，全程 133.6 千米，耗时 1 小时 36 分钟

4 沙米（五优稻 4 号）

推荐语：吃一斤沙米，绿化两平方米沙漠

星级：
熊猫指数：**84**

→ **感官关键词**：清香甘甜、洁白有光泽、软硬适中
→ **企业名称**：内蒙古亿利新中农沙地农业投资股份有限公司
→ **采收时间**：10 月~11 月
→ **销售渠道**：微信公众号—沙米商城
→ **企业负责人**：韩箭　电话：18646653344
→ **销售联系人**：韩箭　电话：18646653344
→ **基地地址**：内蒙古自治区通辽市奈曼旗白音他拉苏木镇希勃图村
→ **如何到达**：从北京乘坐火车到奈曼旗，全程耗时 12 小时 23 分钟；从奈曼火车站出发，途经京加线，全程 30.3 千米，耗时 32 分钟

5 天蕴禾阿旗玉米（万糯 2000）

推荐语：中化 MAP 全程种植指导，MAP beSide 全程品控溯源的甜糯玉米

星级：
熊猫指数：**84**

→ **感官关键词**：黏糯香甜、软硬适中、适口性好
→ **企业名称**：内蒙古天蕴禾农业科技有限公司
→ **采收时间**：10 月
→ **销售渠道**：微信小程序—MAP 茂商城
→ **企业负责人**：张广文　电话：15148131319
→ **销售联系人**：张云龙　电话：18147631118
→ **基地地址**：内蒙古自治区阿鲁科尔沁旗绍根镇阿民温都尔嘎查
→ **如何到达**：从通辽市出发，途经集锡线，全程 205.6 千米，耗时 3 小时 10 分钟

6 阿旗蒙田小米（金苗 K1）

推荐语：原粮来自 MAP 服务的金苗 K1 专属基地，中化扶贫基金支持

星级：
熊猫指数：**84**

→ 感官关键词：米粥金黄黏稠、米香浓郁醇正、余味持久
→ 企 业 名 称：赤峰蒙天粮油有限公司
→ 采 收 时 间：9 月 ~10 月
→ 企业负责人：张赢　电话：18147680622
→ 销售联系人：张赢　电话：18147680622
→ 基 地 地 址：内蒙古自治区赤峰市阿鲁科尔沁旗天山镇东山
　　　　　　　工业园区
→ 如 何 到 达：从通辽市出发，途经集锡线，全程 205.6 千米，
　　　　　　　耗时 3 小时 10 分钟

7 孟克河敖汉小米（黄金苗）

推荐语：8000 年的历史，敖汉旗的名片

星级：
熊猫指数：**83**

→ 感官关键词：米粥细腻、香气浓郁、无粉质感
→ 企 业 名 称：敖汉旗惠隆杂粮种植农民专业合作社
→ 采 收 时 间：10 月 ~11 月
→ 销 售 渠 道：孟克河厂家淘宝自营店、微信小程序—孟克河
　　　　　　　有机农产品商城
→ 企业负责人：王国军　电话：13848882677
→ 销售联系人：王增羽　电话：18648292017
→ 基 地 地 址：内蒙古自治区赤峰市敖汉旗新惠镇扎赛营子村
→ 如 何 到 达：从赤峰市驾车，途经 G45 大广高速、111 国道、210 省道，全程 128.6 千米，耗
　　　　　　　时 1 小时 40 分钟

宁夏
2023

1 昊王香米（宁粳 43）

推荐语：龙行天下，盛世昊王

星级：
熊猫指数：**82**

→ 感官关键词：米饭清香、滋味清甜、软硬适中
→ 企 业 名 称：宁夏昊王米业集团有限公司
→ 采 收 时 间：9 月
→ 销 售 渠 道：昊王京东旗舰店
→ 企 业 负 责 人：王建华　电话：18895109999
→ 销 售 联 系 人：王建华　电话：18895109999
→ 基 地 地 址：宁夏回族自治区银川市灵武市梧桐树乡杨洪桥村
→ 如 何 到 达：从银川机场出发，途经滨河大道，全程 30.4 千米，
　　　　　　　耗时 26 分钟

2 早康枸杞（宁杞 7 号）

推荐语：早康枸杞 顺天时 品质臻 自然馈赠

星级：
熊猫指数：**80**

→ 感官关键词：小巧均匀、味甜、干湿适中
→ 企 业 名 称：早康枸杞股份有限公司
→ 采 收 时 间：6 月 ~7 月，10 月 ~11 月
→ 企 业 负 责 人：罗灵　电话：13519232033
→ 销 售 联 系 人：罗灵　电话：13519232033
→ 基 地 地 址：宁夏回族自治区中卫市中宁县太阳梁早康枸杞种植
　　　　　　　基地
→ 如 何 到 达：从银川机场出发，途经银昆高速、古青高速，全程
　　　　　　　119.3 千米，耗时 1 小时 29 分钟

青海

2023

1 亿林有机枸杞（宁杞 1 号）

推荐语：全国少有的无农残有机种植枸杞

星级：
熊猫指数：**90**

→ **感官关键词：** 滋味浓甜、有点咸味、软硬适中
→ **企业名称：** 格尔木亿林枸杞科技开发有限公司
→ **采收时间：** 7 月~9 月
→ **销售渠道：** 天猫 elea 亿林旗舰店
→ **企业负责人：** 唐兴海　电话：18997031813
→ **销售联系人：** 肖永松　电话：18908075144
→ **基地地址：** 青海省格尔木市大格勒乡
→ **如何到达：** 从格尔木机场出发，途经柳格高速、京藏高速，全程 115 千米，耗时 90 分钟

　　亿林枸杞主产区在柴达木盆地，地处世界"四大超洁净区"之一的青藏高原腹地，这里没有工业污染源，纯净的空气，洁净的土壤，充足的日照，昆仑雪山水灌溉，使枸杞病虫害发生的概率极小。青海亿林枸杞以柴达木盆地得天独厚的气候、水质、土壤等自然条件为依托，以"保护生态环境、发展有机农业"为理念，生产优质的有机枸杞。它颗粒大，色泽鲜艳而均匀，营养价值高。

2 初心纯枸杞（红枸杞）

推荐语：产自青海大柴旦的优质红枸杞，自然生长，精细挑选

星级：
熊猫指数：**84**

- ➡ 感官关键词：颜色艳丽、大小均一、浓甜带咸
- ➡ 企业名称：青海神源农牧科技有限公司
- ➡ 采收时间：7 月 ~9 月
- ➡ 企业负责人：王元福　电话：13897450932
- ➡ 销售联系人：王元福　电话：13897450932
- ➡ 基地地址：青海省海西蒙古族藏族自治州大柴旦行政委员会柴旦镇马海村
- ➡ 如何到达：从西宁机场出发，途经京藏高速、德小高速，全程 797.8 千米，耗时 9 小时 50 分钟

3 张老黑黑土豆（黑金刚）

推荐语：原始森林旁长出的"黑金疙瘩"

星级：
熊猫指数：**84**

- ➡ 感官关键词：滋味清甜、口感沙面、细腻顺滑
- ➡ 企业名称：大通恒顺精薯种植专业合作社
- ➡ 采收时间：9 月 ~10 月
- ➡ 销售渠道：盒马鲜生
- ➡ 企业负责人：任青福　电话：18993195699
- ➡ 销售联系人：任青福　电话：18993195699
- ➡ 基地地址：青海省西宁市大通回族土族自治县多林镇上宽村 202 号
- ➡ 如何到达：从西宁市出发，途经宁大高速、张孟线，全程 71.1 千米，耗时 1 小时 40 分钟

4 稼祺藜麦（JQ-505）

推荐语：来自 3000 米以上青藏高原的全营养食品

星级：
熊猫指数：**81**

→ **感官关键词**：有松子香、滋味清甜、松散有弹性

→ **企 业 名 称**：山西稼祺藜麦开发有限公司

→ **采 收 时 间**：9 月~10 月

→ **企业负责人**：武祥云　电话：13453425588

→ **销售联系人**：岳掌印　电话：18634333777

→ **基 地 地 址**：青海省海西蒙古族藏族自治州都兰县香日德镇香乐村

→ **如 何 到 达**：从德令哈出发，途经 X409、京拉线，全程 281.7 千米，耗时 4 小时 27 分钟

山东
2023

1 义凯庄园油桃（忆香蜜）

推荐语：香甜"忆香蜜"，成就这一颗晚熟油桃王

星级： ⬇
熊猫指数：**94**

➡ **感官关键词：** 高甜微酸、肉质软糯、浓郁多汁
➡ **企 业 名 称：** 烟台义凯果蔬庄园有限公司
➡ **采 收 时 间：** 10 月
➡ **企业负责人：** 姜学忠　电话：13001619687
➡ **销售联系人：** 王冬影　电话：15684078885
➡ **基 地 地 址：** 山东省烟台市福山区回理镇善疃村
➡ **如 何 到 达：** 从烟台市出发，途经荣乌高速、烟沪线，全程 29 千米，耗时 42 分钟

　　义凯庄园油桃产自山东烟台，这里地处北纬36°~37°之间，气候温和适中，四季分明，非常适合油桃的生长。忆香蜜油桃是义凯庄园的明星水果，属于晚熟优质品种。不同于普通油桃，该油桃每年国庆节左右采摘，此时市面已经很难见到更生态健康的油桃了。义凯庄园油桃单果平均重量250~450克，果形饱满，果皮嫣红娇艳，更重要的是表层光滑无毛，即使是桃毛过敏者也可以享受其甜蜜的滋味。它皮薄、肉厚、离核，果肉为乳白色，口感细腻，脆甜多汁，满满的甜蜜感。

2 祁师傅网纹瓜（台湾脆甜）

推荐语：祁师傅，种出中国网纹甜瓜新高度

星级：

熊猫指数：**89**

→ **感官关键词**：肉软多汁、瓜香清新、香甜味浓
→ **企 业 名 称**：博兴县田丰网纹甜瓜专业合作社
→ **采 收 时 间**：5月~12月
→ **销 售 渠 道**：百果园、鑫荣懋、杭州叶氏兄弟、长沙绿叶
→ **企 业 负 责 人**：祁国胜　电话：18366875687
→ **销 售 联 系 人**：祁国胜　电话：18366875687
→ **基 地 地 址**：山东省滨州市博兴县庞家镇祁家村
→ **如 何 到 达**：从济南出发，途经青银高速、滨莱高速，
　　　　　　　　全程146.9千米，耗时1小时46分钟

　　细雨缠绵夏至凉，老枝嫩叶换新装。转瞬之间，窗外的景色已然是一片翠绿，在这绿意盎然的季节，不来一口碧绿的祁师傅网纹瓜（台湾脆甜），就是对夏天的辜负。

　　这里白天25℃~30℃，夜晚15℃~18℃，光照充足，祁师傅网纹瓜便生长于山东滨州。因为临海，提供了优良的土壤环境，沙土地不易涵养水分，使得瓜的糖度更高，汁水含量高达88％，堪比日本精冈蜜瓜。

　　祁师傅网纹瓜果品翠绿，带有灰色或黄色条纹，切开便会露出闪着翡翠色的果肉，牙齿接触到果肉的那一秒，汁水肆意流淌在唇齿之间，吃完张嘴一呼气，就漾出一缕清新的牛奶香气。

　　网纹瓜的维生素含量比西瓜高4倍，比苹果高6倍，吃上几块瓜，皮肤都会水灵灵的。

3 仁风照文西瓜（农友小兰）

推荐语：20 年的技术创新，培育出了"冰激凌"西瓜

星级：
熊猫指数：**89**

➡ **感 官 关 键 词**：清甜爽口、细脆多汁、皮非常薄
➡ **企 业 名 称**：济南仁风照文富硒瓜果种植专业合作社
➡ **采 收 时 间**：4 月 ~6 月
➡ **企 业 负 责 人**：张召文　　电话：13793178555
➡ **销 售 联 系 人**：张兆泉　　电话：15863169007
➡ **基 地 地 址**：山东省济南市济阳区仁风镇西街村 1205
➡ **如 何 到 达**：从济南西站出发，途经济南绕城高速、东吕高速，全程 96.2 千米，耗时 1 小时 14 分钟

　　山东是水果大省，被誉为"西瓜之乡"的济阳仁风，正是仁风照文富硒西瓜的原产地。南有黄河，北有徒骇河，仁风镇坐拥得天独厚的位置优势，平均日照 7.2 小时、水源充沛，简直是西瓜种植的天堂。

　　仁风照文西瓜（农友小兰），广泛采用吊秧生产，实施富硒技术，全部使用有机肥料。其外观光洁，花色均匀，无阴阳面，瓜形圆正，绿皮上覆盖着墨绿色的条纹，皮薄而脆，瓜皮厚度仅两三毫米。瓤色杏黄而润，细胞排列整齐，肉质脆而多汁，无纤维，无空洞，不倒瓤，入口即化，有"冰激凌西瓜"的美誉。单瓜重 1~2 千克，含糖量可达 12%~14%，瓜心与瓜缘糖分差异小。

4 郭牌西瓜（早春蜜）

推荐语：郭牌农业，打造西瓜行业标准

星级：
熊猫指数：**89**

➡ 感官关键词：瓜香清新、高甜多汁、脆沙爽口
➡ 企业名称：潍坊郭牌农业科技有限公司
➡ 采收时间：全年
➡ 企业负责人：杨猛　电话：13356728775
➡ 销售联系人：杨猛　电话：13356728775
➡ 基地地址：山东省潍坊市寒亭区固堤街道办事处
➡ 如何到达：从烟台机场出发，途经乌荣高速、北海路，全程218.9千米，耗时2小时17分钟

　　郭牌西瓜，1980年由山东"西瓜大王"郭洪泽创立，其"郭"字品牌创建于1993年，为国内最早的水果品牌之一。

　　郭牌西瓜皮薄肉厚，绿油油的果皮包裹着红艳艳的果肉，鲜嫩果肉带着汁水，脆甜中微带沙沙的口感，细腻爆汁，吃一口，瞬间唤醒味蕾，甜上心头。

　　每个郭牌西瓜在离开基地时都有一个专属的"身份证"，这个身份证钢印在西瓜正中间，十分醒目，不仅起到防伪作用，还能提供西瓜的品种、等级、出口基地编号、追溯码等信息，种植、授粉和采收的具体时间等信息一览无余，主打一个"放心"。

5 那园子贝贝南瓜（青小贝 1 号）

推荐语：每日粗粮甄选，青小贝贝贝南瓜

星级：
熊猫指数：**89**

→ **感官关键词**：软糯可口、香甜顺滑、瓜肉厚实
→ **企业名称**：广州清涟农业发展有限公司
→ **采收时间**：全年
→ **企业负责人**：谢章杰 电话：13928747716
→ **销售联系人**：谢章杰 电话：13928747716
→ **基地地址**：山东省潍坊市昌乐县南郝镇城南区
→ **如何到达**：从青岛机场出发，途经青岛机场高速、青银高速，全程 161.6 千米，耗时 1 小时 51 分钟

那园子专注于单品种植和供应，主要产品是迷你口感型南瓜系列，以进口品种青小贝南瓜为核心产品。

青小贝是日本米可多协和种苗株式会社于 1998 年通过杂交培育成功的，其个头很小，拥有板栗的香甜、红薯的绵密、南瓜的软糯。它细腻的粉和独特的香是其他南瓜不多见的，蒸着吃，满屋子南瓜飘香，非常粉糯，甜度也很高，带着近似板栗的香气和口感，即使不加任何调料，自然的甜香也足以征服味蕾。

6 畛甜梨（秋月梨）

推荐语：秋月甘怡爆汁，清香久留唇间

星级：
熊猫指数：**89**

→ **感官关键词**：高甜微酸、细脆多汁、口感爽滑
→ **企 业 名 称**：青岛华鲜生农产品专业合作社
→ **采 收 时 间**：9 月 ~11 月
→ **销 售 渠 道**：春播、梅子淘源
→ **企业负责人**：崔荣华　电话：18669818567
→ **销售联系人**：崔荣华　电话：18669818567
→ **基 地 地 址**：山东省青岛市莱西市日庄镇矫格庄村南
→ **如 何 到 达**：从青岛市出发，途经青银高速、龙青高速，全程
　　　　　　　　126 千米，耗时 1 小时 38 分钟

　　秋月梨，作为丰水梨中的新贵，源于日本，2002 年引进中国后，经过反复种植试验，最终选定在北纬 36° 的梨享之地——莱西安家落户。1800小时的阳光，恰到好处的雨水，沙质棕壤土，以及科学规范的种植体系，成就了秋月梨色若金、脆若冰、汁如蜜、甘若饴的品质。

7 沽河秋月生态蜜梨（秋月梨）

推荐语：山东秋月梨，甜美多汁，果肉饱满细腻

星级：
熊猫指数：**89**

→ **感官关键词**：高甜浓郁、硬脆多汁、肉质细腻
→ **企 业 名 称**：青岛鲜锋好多多有机果蔬专业合作社
→ **采 收 时 间**：8 月~10 月
→ **企业负责人**：候伟宝　电话：15966828839
→ **销售联系人**：候伟宝　电话：15966828839
→ **基 地 地 址**：山东省青岛市莱西市院上镇敬庄村
→ **如 何 到 达**：从青岛机场出发，途经青岛机场高速、沈海高速，
　　　　　　　全程 91 千米，耗时 1 小时 11 分钟

　　青岛鲜锋秋月梨基地坐落于山东青岛莱西市院上镇小沽河畔，这里有天然纯净无污染的沙壤土质和青岛市饮用保护水源小沽河的灌溉水源。土质疏松透气，昼夜温差大，糖分积累更充足，被精心呵护长大的秋月梨，个头大，皮薄肉嫩，吃起来超过瘾！

8 甜小主冬枣（冬枣）

推荐语：甜到枣恋，嘎嘣一口冰糖脆

星级：
熊猫指数：**89**

→ 感官关键词：酸甜可口、酥脆多汁、几乎全红
→ 企 业 名 称：滨州市鲜遇鲜优选果业有限公司
→ 采 收 时 间：9月~10月
→ 企业负责人：郭丰丛　电话：13854393775
→ 销售联系人：郭丰丛　电话：13854393775
→ 基 地 地 址：山东省滨州市沾化区下洼镇于一村
→ 如 何 到 达：从济南西站出发，途经济南绕城高速、东吕
　　　　　　　高速，全程192.8千米，耗时2小时7分钟

　　沾化冬枣入口甜蜜，肉质脆而细腻，皮薄肉厚，多汁而不渣，甜、脆、嫩均匀分布在果肉的每一处，咬上一口，齿颊生香。

　　11月，沾化冬枣在枝头积累了足够的养分，成熟下树。一口一个嘎嘣脆，似甜甜的蜜汁淌进嘴里。这种天然的脆感，里面还混合了适当的蓬松感，每个微小孔洞里都是汁水。咬一口，果肉的绵密质感让人相当舒适，口感生脆生脆，从这脆里还不断涌出甜甜的枣汁。随便拿取一颗测试，甜度都能达到30+，比荔枝还要多5~10。

9 枚之青桃（金秋红蜜）

推荐语：金秋红蜜，当属枚之青

星级：
熊猫指数：**89**

→ **感官关键词：** 桃香浓郁、滋味浓甜、软糯多汁
→ **企 业 名 称：** 文登区月由山家庭农场
→ **采 收 时 间：** 10月
→ **企业负责人：** 王涛　电话：13863999513
→ **销售联系人：** 王涛　电话：13863999513
→ **基 地 地 址：** 山东省威海市文登区宋村镇臧格村北山
→ **如 何 到 达：** 从威海市出发，途经威汕线、威青线，全程48千米，
　　　　　　　　耗时60分钟

　　金秋红蜜是2006年才得到认定的优秀晚熟桃品种，生长周期长达200多天（是水蜜桃的两倍），比市面上的晚熟桃还要晚熟。甜、浓、风味足，肉厚，水分足。刚摘下的果子脆爽紧实，如若多放几天，质地会更细腻软滑，多汁又肥美。

10 田穆园番茄（釜山 88）

推荐语：自然家乡味

星级：
熊猫指数：**89**

➡ 感官关键词：酸甜浓郁、果肉细腻、口感爆汁
➡ 企 业 名 称：寿光恒蔬无疆农业发展集团有限公司
➡ 采 收 时 间：全年
➡ 企 业 负 责 人：韩永琦　电话：15706305032
➡ 销 售 联 系 人：韩永琦　电话：15706305032
➡ 基 地 地 址：山东省寿光市田柳镇田柳大路口
➡ 如 何 到 达：从青岛市出发，途经青新高速、荣乌
　　　　　　　高速，全程 190.5 千米，耗时 2 小时
　　　　　　　7 分钟

　　釜山 88 是学名，又被称为吮指樱桃番茄，个头小巧，果如其名一样可爱。从韩国引种而来，经过数百次杂交试种和几代人的躬耕细作、精心培育，才有了田穆园番茄现在的甜爽口感和娇俏模样。它皮薄肉嫩，一口爆浆，恰到好处的酸甜比，让人不禁想起小时候吃到美味后吮指的美好时光。

11 沃小番番茄（沃小番3号）

推荐语：高品质番茄领导者

星级：
熊猫指数：**87**

→ 感官关键词：甜味浓郁、肉质细腻、口感微脆
→ 企 业 名 称：山东夏之秋果蔬有限公司
→ 采 收 时 间：全年
→ 企业负责人：刘洪超　电话：13205317937
→ 销售联系人：刘洪超　电话：13205317937
→ 基 地 地 址：山东省济南市天桥区桑梓店街道耿庄村南沃尔富斯番茄文化产业园
→ 如 何 到 达：从济南西站出发，途经二环西高架路、梓东大道，全程24.3千米，耗时40分钟

　　番茄，饱含阳光和健康的靓丽果实，一直以来备受消费者的喜爱。随着消费需求的变化，和对优质番茄的偏好，带动了高端番茄市场的兴起。

　　"沃小番"，源自山东的纯正水果番茄，果形中正，表皮透红靓丽，果香扑鼻，鲜嫩多汁，口感脆甜，风味纯正，一口咬下去，酸甜多汁的感觉顿时让人齿颊生津，满满都是大自然的甘甜和清香。

12 嗨番小番茄（釜山 88）

推荐语：轻卡路里吮指樱桃番茄，大胆嗨，放肆吃！

星级：
熊猫指数：**87**

→ **感官关键词：** 高甜微酸、口口爆汁、果肉细腻
→ **企业名称：** 青岛沃鼎丰农业科技有限公司
→ **采收时间：** 每年 11 月～次年 5 月
→ **销售渠道：** Ole'、麦德龙、康品汇、天天果园、钱大妈
→ **企业负责人：** 于利宁　　电话：18678866901
→ **销售联系人：** 于利宁　　电话：18678866901
→ **基地地址：** 山东省青岛市平度市明村镇韩家屋子村
→ **如何到达：** 从青岛市出发，途经天津路、308 国道、036 县道，全程 33 千米，耗时 49 分钟

　　嗨番小番茄虽然身材娇小，却裹着酸甜汁液的小炸弹。普通小番茄糖度在 8 左右，嗨番小番茄的糖度一般在 11~14 左右，吃过它，就好似拥有了整个夏天。

　　牙齿轻轻划开表皮的一瞬间，汁液喷涌而出，裹挟着浓郁的酸甜滋味，一下子便会占领你的味蕾，酸甜黄金比让人仅吃一口便会念念不忘。

13 爱颗莓草莓（梦之莹）

推荐语：草莓届的哈根达斯

星级：
熊猫指数：**89**

→ 感官关键词：果香馥郁、酸甜可口、细腻多汁
→ 企 业 名 称：山东元霖大蔬农业发展有限公司
→ 采 收 时 间：每年 12 月～次年 3 月
→ 企业负责人：刘运泽　电话：15318821927
→ 销售联系人：刘运泽　电话：15318821927
→ 基 地 地 址：山东省济南市历城区荷花路街道朱家桥村
→ 如 何 到 达：从北京市出发，途经京台高速、京沪高速，全程 390 千米，耗时 4 小时

　　"梦之莹"是白色品种草莓，由宁波市农科院培育。与其他品种的白草莓相比，"梦之莹"的颜色更加莹白，口感更加细腻绵软，成熟后的'梦之莹'白中透粉，籽呈棕色，味道特别鲜美可口。

　　草莓中所含的维生素 C，其含量比苹果、葡萄高 7~10 倍，其所含的苹果酸、柠檬酸、维生素 B1、维生素 B2，以及胡萝卜素、钙、磷、铁的含量也比苹果、梨、葡萄高 3~4 倍。

14 万和七彩草莓（黑珍珠）

推荐语：以匠人之心为您的生活增添一份七彩草莓

星级：
熊猫指数：**87**

➡ **感官关键词**：果香浓郁、甜高酸低、果肉细软
➡ **企 业 名 称**：威海南海新区万和七彩农业科技有限公司
➡ **采 收 时 间**：每年 12 月～次年 3 月
➡ **销 售 渠 道**：华联超市
➡ **企业负责人**：王举民　电话：186 0630 7316
➡ **销售联系人**：王举民　电话：186 0630 7316
➡ **基 地 地 址**：山东省威海市文登区小观镇才院村村北
➡ **如 何 到 达**：从威海出发，途经威汕线、威青线，全程 52 千米，耗时 1 小时

　　万和七彩草莓因红到发紫发黑，且外观圆润似珍珠又被称为"黑珍珠"。它果香浓郁，糖度很高，口感极佳。基地管理采用了全套日本草莓种植技术和设施，并聘请了日本专家亲自指导和监管种植。

　　万和七彩农业，致力于发展精致农业，是一家以日本种植模式为主，集草莓脱毒组培、新品种选育、立体式育苗、标准化种植生产示范和种苗销售，葡萄、苹果、樱桃等特色水果种植和销售于一体的大型现代生态农业企业。

15 田哆啦苹果（维纳斯黄金）

推荐语：汉之匠心，品其精华；"汉品"维纳斯，源自大自然的馈赠

星级：
熊猫指数：**89**

→ **感官关键词**：浓甜微酸、果肉硬脆、细腻多汁
→ **企 业 名 称**：山东田又田生态农业有限公司
→ **采 收 时 间**：10月~11月
→ **企业负责人**：张鹏飞　电话：15506310999
→ **销售联系人**：张鹏飞　电话：15506310999
→ **基 地 地 址**：山东省威海市荣成市夏庄镇后寨村
→ **如 何 到 达**：从威海市出发途经荣乌高速、港城大道，全程64.9千米，耗时55分钟

山东省位于我国华东地区，濒临渤海、黄海。中部山地突起，泰山雄踞其间。孔孟之道在这里起源，黄河文明与海洋文明在这里水乳交融，让山东历来就是富庶之地，孕育于此的苹果自然也成为中国苹果界的"扛把子"。

维纳斯黄金苹果皮薄肉脆，在滑过牙齿的瞬间就"咔嚓"分离，下一秒，甜乎乎的果汁像蜂蜜一般纠缠上了牙齿，连呼气时都自带一股苹果的香甜气息。

16 雀斑美人苹果（王林）

推荐语：雀斑美人，让你一口就爱上她

星级：
熊猫指数：**86**

→ 感官关键词：高甜、略带酸味、爽脆多汁
→ 企业名称：山东悦多果业有限公司
→ 采收时间：10 月 ~11 月
→ 销售渠道：盒马生鲜、Costco
→ 企业负责人：宋楠　电话：18606306030
→ 销售联系人：宋楠　电话：18606306030
→ 基地地址：山东省威海市荣成市甲夼曲家村北
→ 如何到达：从威海出发，途经温泉路、201 省道、303 省道，全程 47 千米，耗时 53 分钟

　　雀斑美人苹果（王林）在看似姿色平平的外表下藏着一颗"小甜心"。白皙透亮的果肉间流转着独特的兰花香气，"咔嚓"一口，脆嫩香甜的果肉便在唇齿间迸发，回甘更有一丝清新的酸甜，融合了苹果的香味、水蜜桃的甜味、梨的清香，当果香、花香交织在一起在舌尖萦绕时，格外沁人心脾！

17 黄胖子苹果（维纳斯黄金）

推荐语：黄胖子苹果，大地的承诺

星级：
熊猫指数：**84**

→ **感官关键词**：果肉香甜、肉质硬脆、细腻多汁
→ **企 业 名 称**：威海市五十一号农场股份有限公司
→ **采 收 时 间**：10 月 ~11 月
→ **企业负责人**：黄琳青　电话：18863165556
→ **销售联系人**：黄琳青　电话：18863165556
→ **基 地 地 址**：山东省威海市高区初村镇远庄村五十一号农场
→ **如 何 到 达**：从威海出发，途经嵩山路、S301，全程 38 千米，耗时 45 分钟

18 美思农场苹果（烟富 3 号）

推荐语：10 年的坚持与汗水，只为带来一个健康的苹果

星级：
熊猫指数：**80**

→ **感官关键词**：酸甜适中、口感硬脆、多汁
→ **企 业 名 称**：文登区昌兴家庭农场
→ **采 收 时 间**：10 月 ~11 月
→ **企业负责人**：曹健　电话：15266109977
→ **销售联系人**：曹健　电话：15266109977
→ **基 地 地 址**：山东省威海市文登区宋村镇金西村
→ **如 何 到 达**：从威海市出发，途经威青高速、威青线，全程 60.8 千米，耗时 1 小时 3 分钟

19 萌蒙蟠甜桃（彩虹蟠）

推荐语：桃醉天下，甜透万家，桃子中的佼佼者

星级：🌱
熊猫指数：**84**

→ 感官关键词：滋味浓郁、果肉软糯、细腻无丝
→ 企 业 名 称：临沂佳垦农业服务有限公司
→ 采 收 时 间：6月~7月
→ 企业负责人：高俊　电话：15853235337
→ 销售联系人：温超　电话：18669559351
→ 基 地 地 址：山东省临沂市蒙阴县云蒙路谭家召子
→ 如 何 到 达：从青岛机场出发，途经沈海高速、日兰高速，全程314.5千米，耗时3小时35分钟

20 桃本桃（水晶皇后）

推荐语：回归桃子本来的味道，还原自然农法的精髓

星级：🌱
熊猫指数：**84**

→ 感官关键词：个头小巧、软糯多汁、酸甜可口
→ 企 业 名 称：三个臭皮匠（临沂）电子商务有限公司
→ 采 收 时 间：6月~7月
→ 销 售 渠 道：Ole'、企鹅优品、有好东西
→ 企业负责人：刘元强　电话：19953823666
→ 销售联系人：刘元强　电话：19953823666
→ 基 地 地 址：山东省临沂市沂南县岸堤镇艾山东村
→ 如 何 到 达：从青岛出发，途经青兰高速、长深高速，全程300千米，耗时4小时

21 百雀山中蟠（油蟠7-7）

推荐语：口口爆汁黄金油蟠桃

星级：
熊猫指数：**84**

→ 感官关键词：滋味浓郁、口感细腻、香味清新
→ 企 业 名 称：山东百雀农业发展有限公司
→ 采 收 时 间：7月
→ 企业负责人：姜伟杰　电话：15266695805
→ 销售联系人：姜伟杰　电话：15266695805
→ 基 地 地 址：山东省临沂市蒙阴县蒙阴街道姜家沟村
→ 如 何 到 达：从青岛机场出发，途经青兰高速、S231，全程296.6千米，耗时3小时26分钟

22 畛甜马连庄甜瓜（甜宝）

推荐语：秋月甘怡爆汁，清香久留唇间

星级：
熊猫指数：**84**

→ 感官关键词：瓜香扑鼻、酸甜可口、爽口多汁
→ 企 业 名 称：青岛华鲜生农产品专业合作社
→ 采 收 时 间：4月~6月
→ 销 售 渠 道：春播、梅子淘源
→ 企业负责人：崔荣华　电话：18669818567
→ 销售联系人：崔荣华　电话：18669818567
→ 基 地 地 址：山东省青岛市莱西市日庄镇矫格庄村南
→ 如 何 到 达：从青岛市出发，途经青银高速、龙青高速，全程126千米，耗时1小时38分钟

163

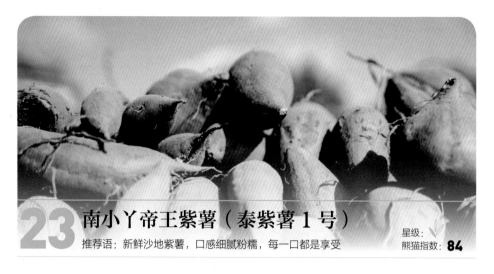

23 南小丫帝王紫薯（泰紫薯1号）

推荐语：新鲜沙地紫薯，口感细腻粉糯，每一口都是享受

星级：
熊猫指数：**84**

➜ 感官关键词：薯香浓郁、甜度适中、比较软糯
➜ 企 业 名 称：内蒙古南小丫农业科技有限公司
➜ 采 收 时 间：8月~10月
➜ 企业负责人：李文　　电话：13718440277
➜ 销售联系人：李文　　电话：13718440277
➜ 基 地 地 址：山东省泰安市天宝镇天宝四村
➜ 如 何 到 达：从北京乘坐高铁到泰安，距离458.4千米，耗时2小时17分钟。从泰安高铁站出发，途经泰新高速、S237，全程56.9千米，耗时1小时4分钟

24 西马沟芹菜（大叶黄）

推荐语：掉在地上会像玻璃一样碎开，并弯曲成马蹄的形状，又名"玻璃脆""马蹄芹"

星级：
熊猫指数：**84**

➜ 感官关键词：芹菜香纯正、茎长新鲜、微脆较嫩
➜ 企 业 名 称：青岛福臣富硒蔬菜种植专业合作社
➜ 采 收 时 间：每年9月~次年4月
➜ 销 售 渠 道：烟台家家悦超市
➜ 企业负责人：马福臣　　电话：13854262455
➜ 销售联系人：马福臣　　电话：18366263433
➜ 基 地 地 址：山东省青岛市平度市李园办事处西马沟村委
➜ 如 何 到 达：从青岛市出发，途经青银高速、青新高速至平度市，全程105.6千米，耗时1小时40分钟

25 鲁蕈黑皮鸡枞菌（远洋 1 号）

推荐语：水浒故里孕育远洋菌菇之冠

星级：
熊猫指数：**84**

→ 感官关键词：脆嫩多汁、菌香浓郁、鲜味十足
→ 企 业 名 称：山东远洋农业开发有限公司
→ 采 收 时 间：全年
→ 企业负责人：王厚鹏　电话：15263731323
→ 销售联系人：王厚鹏　电话：15263731323
→ 基 地 地 址：山东省济宁市梁山县馆驿镇张桥村南
→ 如 何 到 达：从济南市出发，途经济南绕城高速、济广高速，全程 140.4 千米，耗时 1 小时 55
　　　　　　　分钟

26 笋公子芦笋（紫色激情）

推荐语：芦笋届的天花板

星级：
熊猫指数：**84**

→ 感官关键词：滋味鲜甜、爽脆多汁、略有纤维
→ 企 业 名 称：山东联众食品工业有限公司
→ 采 收 时 间：4 月 ~6 月
→ 企业负责人：袁显亮　电话：15615403383
→ 销售联系人：吴家正　电话：15615403383
→ 基 地 地 址：山东省菏泽市曹县青堌集镇朱老家村
→ 如 何 到 达：从郑州出发，途经商登高速、商南高速，全程240千米，
　　　　　　　耗时 2 小时 40 分钟

27 曹氏一品草莓（香衫）

推荐语：熊蜂授粉的好吃草莓

星级：
熊猫指数：**82**

→ **感官关键词**：果香馥郁、酸甜平衡、细腻多汁
→ **企 业 名 称**：济南鑫翔农业技术开发有限公司
→ **采 收 时 间**：1 月~4 月
→ **企业负责人**：薛敏　电话：18754128886
→ **销售联系人**：薛敏　电话：18754128886
→ **基 地 地 址**：济山东省南市历城区董家街道办事处东杨家村村北
→ **如 何 到 达**：从青岛市出发，途经青岛机场高速、青银高速，全程 300 千米，耗时 3 小时

28 佳垦草莓（章姬）

推荐语：日本技术下的好吃草莓

星级：
熊猫指数：**80**

→ **感官关键词**：滋味清爽、细腻多汁、颜色艳丽
→ **企 业 名 称**：青岛佳垦农业服务有限公司
→ **采 收 时 间**：每年 12 月~次年 4 月
→ **销 售 渠 道**：佳乐家、家家悦、叮咚买菜
→ **企业负责人**：赵俏俏　电话：13791814971
→ **销售联系人**：赵俏俏　电话：13791814971
→ **基 地 地 址**：山东省青岛市城阳区正阳西路佳垦生产示范基地
→ **如 何 到 达**：从青岛站出发，途经环湾路、火炬路，全程 25 千米，耗时 40 分钟

29　黄金籽番茄（黄金籽）

推荐语：火山地质的番茄王国

星级：
熊猫指数：**81**

→ 感官关键词：香气清馨、酸甜可口、细沙多汁
→ 企业名称：潍坊自然邦生态农业科技有限公司
→ 采收时间：全年
→ 销售渠道：黄金籽天猫旗舰店，黄金籽抖音旗舰店
→ 企业负责人：张志滨　电话：15253659874
→ 销售联系人：张志滨　电话：15253659874
→ 基地地址：山东省潍坊市昌乐县方山路全福元南邻火山人家旗舰店
→ 如何到达：从青岛机场出发，途经青岛机场高速、青银高速，全程 152.4 千米，耗时 1 小时 47 分钟

30　飨实崂山香蜜杏（崂山香蜜杏）

推荐语：崂山特产，甜蜜多汁，不酸涩，香甜可口的好杏子

星级：
熊猫指数：**81**

→ 感官关键词：酸甜可口、果肉较软、清香纯正
→ 企业名称：青岛飨实蜜杏专业合作社
→ 采收时间：6 月 ~7 月
→ 企业负责人：刘元强　电话：13001074097
→ 销售联系人：刘元强　电话：13001074097
→ 基地地址：山东省青岛市城阳区夏庄街道响石村
→ 如何到达：从青岛机场出发，途经青岛机场高速、青兰高速，全程 49.2 千米，耗时 57 分钟

山西
2023

1 玉米兄弟黑糯玉米（301）

推荐语：两个 70 后老男孩良心打造的网红黑玉米

星级：
熊猫指数：**89**

- ➡ **感官关键词**：香气浓郁、甜糯嫩滑、细腻无渣
- ➡ **企业名称**：忻州市玉米兄弟食品有限公司
- ➡ **采收时间**：8 月 ~9 月
- ➡ **销售渠道**：玉米兄弟天猫旗舰店
- ➡ **企业负责人**：张世元　电话：18636002572
- ➡ **销售联系人**：王勇峰　电话：13994310507
- ➡ **基地地址**：山西省忻州市忻府区合索乡陀罗村
- ➡ **如何到达**：从太原市出发，途经京昆线、二广高速，全程 90 千米，耗时 1 小时 46 分钟

　　玉米兄弟黑糯玉米产自中国的杂粮之都——山西忻州，这里光照充足，昼夜温差大，非常适合玉米的生长。黑玉米是非转基因产品，它富含丰富的花青素、多种氨基酸和微量元素，营养价值极高。新鲜的黑糯玉米鲜嫩多汁，蒸煮后粒粒饱满、皮薄鲜嫩，趁热咬一口，每一粒都 Q 弹，唇齿留香。

2 泥屯公社小米（晋谷 21 号）

推荐语：科技创造高品质小米

星级：
熊猫指数：**83**

→ 感 官 关 键 词：香气浓郁、粒大完整、米粥亮黄
→ 企 业 名 称：山西农合丰农业科技有限公司
→ 采 收 时 间：10 月
→ 企 业 负 责 人：王晋　电话：18616631062
→ 销 售 联 系 人：王晋　电话：18616631062
→ 基 地 地 址：山西省太原市阳曲县泥屯镇思西村
→ 如 何 到 达：驾车自太原出发，途经滨河东路、泥向线，全程 48 千米，耗时 1 小时

3 东方亮小米（东方亮 1 号）

推荐语：恒山高寒米，滋养五百年

星级：
熊猫指数：**80**

→ 感 官 关 键 词：鸡蛋香突出、米粥亮黄、口感细腻
→ 企 业 名 称：山西东方亮生命科技股份有限公司
→ 采 收 时 间：10 月
→ 销 售 渠 道：京东东方亮旗舰店、天猫东方亮旗舰店
→ 企 业 负 责 人：牛雁　电话：15603526777
→ 销 售 联 系 人：牛雁　电话：15603526777
→ 基 地 地 址：山西省大同市广灵县作疃乡将官庄村
→ 如 何 到 达：从大同市出发，途经天黎高速、广浑高速，全程 120 千米，耗时 2 小时

陕西

2023

1 百果王冬枣（冬枣）

推荐语：百果王冬枣，正宗大荔冬枣

星级：
熊猫指数：**89**

→ **感官关键词**：浓甜滋味、酥脆可口、肉质细腻
→ **企 业 名 称**：大荔县百果王冬枣专业合作社
→ **采 收 时 间**：6 月~10 月
→ **企业负责人**：陈清　电话：18220930990
→ **销售联系人**：陈清　电话：18220930990
→ **基 地 地 址**：陕西省渭南市大荔县安仁镇永安村 7 组
→ **如 何 到 达**：从西安市出发，途经西安外环高速、连霍高速，
　　　　　　　全程 180 千米，耗时 2 小时 30 分钟

　　大荔日照足、土壤肥、水源好，富饶的环境带给大荔"中国枣乡"的美名。大荔冬枣皮薄核小，甜度爆表，果肉厚实，可食用率近 90%，营养价值极高，富含人体所需的 19 种氨基酸，有"百果王"的称号，是老少皆宜的滋补好鲜果。

2 真社缘大荔冬枣（冬枣）

推荐语：大荔冬枣，肉质细嫩，果肉乳白色，口感酥脆，味香甜

星级：
熊猫指数：**84**

→ 感 官 关 键 词：高甜无酸、口感硬脆、核小肉厚
→ 企 业 名 称：陕西大荔县绿苑红枣专业合作社
→ 采 收 时 间：5 月 ~10 月
→ 企 业 负 责 人：丁亚武　电话：13369165828
→ 销 售 联 系 人：丁亚武　电话：13369165828
→ 基 地 地 址：陕西省渭南市大荔县农垦六师
→ 如 何 到 达：从西安市出发，途经 G3002 西安绕城高速、G5 京昆高速、242 国道，全程 156 千米，耗时 2 小时 8 分钟

3 火星冬枣（冬枣）

推荐语：火星冬枣，10 斤出 3 斤

星级：
熊猫指数：**84**

→ 感 官 关 键 词：甜味足、口感酥脆、核小肉厚
→ 企 业 名 称：大荔县嘉硕果蔬农民专业合作社
→ 采 收 时 间：6 月 ~10 月
→ 企 业 负 责 人：赖嘉威　电话：18565251625
→ 销 售 联 系 人：赖嘉威　电话：18565251625
→ 基 地 地 址：陕西省渭南市大荔县埝桥镇南黄村
→ 如 何 到 达：从西安机场出发，途经西安外环高速、连霍高速，全程 180 千米，耗时 2.5 小时

4 三秦科农阎良甜瓜（小籽新早蜜）

推荐语：独特双根栽培技术，成就阎良甜瓜中的珍品

星级：
熊猫指数：**84**

- ➡ **感官关键词**：滋味浓郁、口感软糯、细腻多汁
- ➡ **企业名称**：西安市阎良区科农瓜菜专业合作社
- ➡ **采收时间**：2月~6月、9月~11月
- ➡ **销售渠道**：西安盒马鲜生实体店、西果超市
- ➡ **企业负责人**：张行　电话：15102969846
- ➡ **销售联系人**：张行　电话：15102969846
- ➡ **基地地址**：陕西省西安市阎良区关山镇北冯村
- ➡ **如何到达**：从西安机场出发，途经延西高速、关中环线，全程79.2千米，耗时1小时29分钟

5 高石脆瓜（脆瓜）

推荐语：有400年历史的皇室贡瓜

星级：
熊猫指数：**84**

- ➡ **感官关键词**：香脆可口、果肉顺滑、浓郁多汁
- ➡ **企业名称**：陕西渭南市大荔高石脆瓜果专业合作社
- ➡ **采收时间**：4月~11月
- ➡ **企业负责人**：王安康　电话：13772733126
- ➡ **销售联系人**：王安康　电话：13772733126
- ➡ **基地地址**：陕西省渭南市大荔县高明镇东高城村
- ➡ **如何到达**：从西安咸阳国际机场出发，途经连霍高速、沿黄观光路，全程202.9千米，耗时2小时54分钟

6 MAP 周至猕猴桃（翠香）

推荐语：浓浓果香，一口享尽甜蜜的感觉

星级：
熊猫指数：**84**

→ 感官关键词：酸甜浓郁、细腻多汁、略带收敛感
→ 企 业 名 称：中化 MAP 周至技术服务中心
→ 采 收 时 间：9 月
→ 企业负责人：王向龙　电话：18009298607
→ 销售联系人：王向龙　电话：18009298607
→ 基 地 地 址：陕西省西安市周至县竹峪镇朱曹寨村
→ 如 何 到 达：从西安机场出发，途经西安外环高速、连霍高速，
　　　　　　　全程 100.6 千米，耗时 1 小时 23 分钟

7 洛自然苹果（富士）

推荐语：有味道的酵素苹果

星级：
熊猫指数：**84**

→ 感官关键词：果实清香、高甜微酸、汁水适中
→ 企 业 名 称：洛川新洛自然农耕果业有限公司
→ 采 收 时 间：10 月 ~11 月
→ 企业负责人：贾小刚　电话：18811049369
→ 销售联系人：陶陶　电话：15991637844
→ 基 地 地 址：陕西省延安市洛川县凤栖街道办事处马家庄村
→ 如 何 到 达：从西安出发，途经包茂高速、延西高速，全程
　　　　　　　200 千米，耗时 3 小时

8 美域高苹果（富士）

推荐语：美域高苹果，可带皮吃的苹果

星级：
熊猫指数：**83**

- → 感官关键词：细脆多汁、酸甜可口、滋味浓郁
- → 企 业 名 称：洛川美域高生物科技有限责任公司
- → 采 收 时 间：10 月 ~11 月
- → 销 售 渠 道：美域高果业京东旗舰店，美域高天猫旗舰店
- → 企业负责人：薛云峰　电话：18291121234
- → 销售联系人：吴津　电话：15619337620
- → 基 地 地 址：陕西省延安市洛川县苹果产业园区
- → 如 何 到 达：由西安市出发，途经包茂高速、延西高速，全程 204.6 千米，耗时 2 小时 16 分钟

9 好家米黄河黄小米（晋谷 21 号）

推荐语：好家米，家乡的小米，《诗经》源头的小米

星级：
熊猫指数：**81**

- → 感官关键词：香气明显、滋味清甜、口感细腻
- → 企 业 名 称：合阳县雨阳富硒农产品专业合作社
- → 采 收 时 间：10 月
- → 销 售 渠 道：富硒好家米天猫旗舰店
- → 企业负责人：雷媛媛　电话：13709135188
- → 销售联系人：魏俊利　电话：19992461010
- → 基 地 地 址：陕西省渭南市合阳县金峪镇山阳村
- → 如 何 到 达：从西安市出发，途经西安绕城高速、京昆高速，全程 178.9 千米，耗时 2 小时 8 分钟

10 百富瑞石榴（骊山红）

推荐语：骊山脚下精耕细作，先进种植法孕育出的甜石榴

星级：
熊猫指数：**80**

→ 感官关键词：颗粒饱满、酸甜浓郁、爽脆多汁
→ 企 业 名 称：西安市临潼区华瑞果业专业合作社
→ 采 收 时 间：10 月 ~11 月
→ 销 售 渠 道：宠爱榴榴淘宝店
→ 企业负责人：王勋昌　电话：13991326985
→ 销售联系人：王勋昌　电话：13991326985
→ 基 地 地 址：陕西省西安市临潼区胡王村华瑞果业基地
→ 如 何 到 达：从咸阳市出发，途经西安绕城高速、连霍高速至西安市临潼区，全程 74 千米，耗时 1 小时

上海
2023

1 亭林雪瓜（雪瓜）

推荐语："四大名瓜"今何在，亭林雪瓜盼君来

星级：
熊猫指数：**89**

➔ **感官关键词**：入口化渣、香甜可口、滋味浓郁
➔ **企 业 名 称**：上海亭中粮食种植专业合作社
➔ **采 收 时 间**：5 月 ~9 月
➔ **企业负责人**：张明法　电话：18016233839
➔ **销售联系人**：周克俭　电话：18016233839
➔ **基 地 地 址**：上海市金山区亭林镇后岗村后池路 588 号
➔ **如 何 到 达**：从上海虹桥机场出发，途经嘉闵高架路、松卫北路，全程 46 千米，耗时 47 分钟

　　亭林雪瓜是最具金山地方特色的农产品之一，在金山拥有百余年种植史，是金山珍贵的农家品种，被誉为上海"四大名瓜"之一。凭借其颜值、口感和销量，声名远扬，2019 年成为中国国家地理标志产品，是具有产业化发展潜力的"名、特、优"品种。亭林雪瓜果重 350 克左右，果肉白绿色，瓜瓤籽少多汁，味甜，质松脆、细嫩，香味浓郁，风味独特，是甜瓜中的上品。

2 桃咏南汇水蜜桃（新凤蜜露）

推荐语：老上海人心中热爱的味道

星级：
熊猫指数：**84**

→ 感官关键词：桃香明显、清甜微酸、口感细脆
→ 企 业 名 称：上海桃咏桃业专业合作社
→ 采 收 时 间：6 月~8 月
→ 销 售 渠 道：天猫桃咏旗舰店、盒马鲜生、上海桃咏直营店
→ 企业负责人：何伟杰　电话：13661790957
→ 销售联系人：何伟杰　电话：13661790957
→ 基 地 地 址：上海市浦东新区下盐路 2688 号
→ 如 何 到 达：从上海虹桥机场出发，途经外环高速、申江南路，全程 45 千米，耗时 1 小时

3 松林牌松江大米（松香粳 1018）

推荐语：江南出好稻，松江米在先

星级：
熊猫指数：**84**

→ 感官关键词：油润有光泽、软糯弹牙、滋味清甜
→ 企 业 名 称：上海松林米业有限公司
→ 采 收 时 间：10 月
→ 企业负责人：宋雅春　电话：18917167853
→ 销售联系人：宋雅春　电话：18917167853
→ 基 地 地 址：上海市松江区新浜镇文华村
→ 如 何 到 达：从上海虹桥机场出发，途经嘉闵高架路、沪昆高速，
　　　　　　　全程 50.5 千米，耗时 48 分钟

4 珍菇园舞茸（灰树花）

推荐语：永大舞茸，好食材，大健康

星级：
熊猫指数：**82**

→ 感 官 关 键 词：菌香浓郁、鲜味浓郁、肉质细腻
→ 企 业 名 称：上海永大菌业有限公司
→ 采 收 时 间：全年
→ 销 售 渠 道：盒马鲜生、华联超市
→ 企业负责人：吴雪君　电话：13817086729
→ 销售联系人：吴雪君　电话：13817086729
→ 基 地 地 址：上海市宝山区石太路 1618 号上海永大菌业有限公司
→ 如 何 到 达：从上海市出发，途经内环高架路、逸仙高架路，全程 35.2 千米，耗时 46 分钟

四川
2023

1 攀西大地红火龙果（攀西大地红 1 号）

推荐语：一颗用心种植的有机火龙果

星级：
熊猫指数：**89**

→ **感官关键词**：纯甜浓郁、细嫩爽滑、汁水丰富
→ **企业名称**：攀枝花箐河农业开发有限公司
→ **采收时间**：5 月~7 月，10 月~11 月
→ **企业负责人**：董继云　电话：18116515987
→ **销售联系人**：董继云　电话：18116515987
→ **基地地址**：四川省攀枝花市仁和区板桥村火龙果基地
→ **如何到达**：从成都出发，途经京昆高速，全程 650 千米，耗时 8 小时

　　四川省攀枝花市是中国最靠北的亚热带地区，全年日照 2700 小时，属干热河谷气候，温差大，气候垂直差异显著，对于果树生长有明显优势。

　　一颗 300 克的火龙果热量堪比一小碗白米饭，不仅如此，每 100 克火龙果的含糖量约为 11 克，是含糖量比较高的水果。

2 益友枇杷（白玉）

推荐语：把白玉枇杷种到全中国，让益友枇杷走向全世界

星级：
熊猫指数：**89**

→ 感官关键词：酸甜浓郁、果肉细腻、爽口多汁
→ 企业名称：华蓥市益友生态农业科技发展有限公司
→ 采收时间：5月~6月
→ 企业负责人：蒋建华　电话：18962100980
→ 销售联系人：蒋建华　电话：18962100980
→ 基地地址：四川省广安市华蓥市阳和镇鸽笼山村
→ 如何到达：从重庆出发，途经银昆高速、通广高速，全程
　　　　　　130千米，耗时2小时

　　我国是全球最大的枇杷生产国和原产国。因枇杷叶子似乐器"琵琶"而得名。目前国内枇杷的种植面积为150万亩，分布范围极广。枇杷具有极高的药用价值，有很好的化痰止咳、疏肝理气的功效。

　　按果实颜色，可将枇杷分为白肉枇杷和红肉枇杷，其中，红肉枇杷占90%以上，白肉枇杷占比不到10%。枇杷主产区主要集中在川渝地区（四川、重庆）、江浙地区（江苏、浙江）、福建、云南等地。

　　冠玉枇杷果实为椭圆形或圆形，个大，单果重50克，最大果重80克。果肉从白色到淡黄色，易剥离，质地细嫩，甜酸爽口，风味浓，微香。

3 陈小喵芒果（攀育芒）

推荐语：国内第一丝滑芒果

星级：

熊猫指数：**89**

→ 感官关键词：滋味浓郁、果肉软嫩、口感细腻
→ 企业名称：会理陈小喵农业开发有限公司
→ 采收时间：6月~7月
→ 企业负责人：陈健明 电话：13888808002
→ 销售联系人：陈健明 电话：13888808002
→ 基地地址：四川省凉山彝族自治州会理市木古镇庄房村
→ 如何到达：从成都出发，途经京昆高速、德会高速，全程670千米，耗时10小时

攀育芒也叫大椰香，种植在北纬26°金沙江流域干热河谷地区，光照强，降雨稀少，由荒山开发而来。建园以来，一直按照原生态模式管理，远离城市，远离污染，独特的气候和生长环境，造就了攀育芒独一无二的细腻口感。

4 晓哈尼梨（六月雪）

推荐语：爆汁的早熟晓哈尼梨

星级：
熊猫指数：**89**

➔ 感官关键词：纯甜无酸、细腻无渣、爽脆多汁
➔ 企业名称：金堂县云敏果蔬专业合作社
➔ 采收时间：5月~7月
➔ 企业负责人：蒋金奎　电话：18382012138
➔ 销售联系人：蒋金奎　电话：18382012138
➔ 基地地址：四川省成都市金堂县赵家镇平水桥村
➔ 如何到达：从成都出发，途经成都绕城高速、成巴高速，车程80千米，耗时1小时

晓哈尼梨是翠冠梨，别称"六月雪"，果形大，果实近圆形，果皮黄绿色，外表颜值不高，但特别好吃。果肉呈白色，果核小，肉厚，质细、嫩爽，汁丰味甜，带蜜香，清脆爽口，十分美味。

5 润农优果苹果（岩富）

推荐语： 高山苹果，鲜甜可口，自然爽脆，沁人心脾的味道

星级：
熊猫指数：**89**

→ **感官关键词：** 酸甜浓郁、果皮较软、硬脆多汁
→ **企 业 名 称：** 盐源县润农优果果蔬种植专业合作社
→ **采 收 时 间：** 9 月 ~11 月
→ **企业负责人：** 陈德财　电话：18009005237
→ **销售联系人：** 陈德财　电话：18009005237
→ **基 地 地 址：** 四川省凉山彝族自治州盐源县卫城镇中河村
→ **如 何 到 达：** 从西昌市出发，途经京昆高速、G348，全程
　　　　　　　 125.9 千米，耗时 3 小时

　　大凉山盐源苹果为什么又叫丑苹果？因为这里的苹果从开花结果到成熟，不套袋，不打药，不打蜡，不打催红素，自然成熟。这样近乎野蛮的生长方式，让它的外表并不讨喜。且果农完全不干涉苹果的成长，任由它们风吹日晒雨淋，毫无保留地接受大自然的洗礼。

　　虽然外表不好看，但吃上一口，汁水四溢，甜甜的果汁从舌尖流到心田，似乎还有雪水滋润后的清凉甘洌，满嘴都是苹果汁的清甜甘爽！

6 盘信桃（凤凰）

推荐语：四川核心产区的一颗水蜜桃

星级：
熊猫指数：**87**

- ➡ **感官关键词**：汁多肉软、滋味浓郁、酸甜可口
- ➡ **企业名称**：四川盘信农业有限责任公司
- ➡ **采收时间**：6月~7月
- ➡ **企业负责人**：李维波　电话：18683630666
- ➡ **销售联系人**：李维波　电话：18683630666
- ➡ **基地地址**：四川省成都市龙泉驿区柏合镇长松村
- ➡ **如何到达**：从成都出发，途经成都机场高速、成都绕城高速，全程40千米，耗时1.5小时

　　成都市龙泉驿区是全国三大水蜜桃生产基地之一，这里的盘信水蜜桃果大、质优，外观艳丽，具有白里透红、水分饱满、汁多味甜的特性，素有"天下第一桃"之称。一口咬下，质地利落，瞬间在舌尖炸裂。

7 棽鑫石榴（突尼斯软籽）

推荐语：棽鑫软籽，"榴"在会理

星级：🌱
熊猫指数：**87**

→ **感官关键词**：甜酸适口、无苦无涩、顺滑多汁
→ **企业名称**：四川省会理市棽鑫生态农业有限公司
→ **采收时间**：8 月 ~10 月
→ **销售渠道**：棽鑫生态果园淘宝店
→ **企业负责人**：杨彪　　电话：17738466688
→ **销售联系人**：杨彪　　电话：17738466688
→ **基地地址**：四川省凉山彝族自治州会理市彰冠镇古桥村
→ **如何到达**：从西昌市出发，途经京昆高速、京昆线，全程 198.6 千米，耗时 3 小时 54 分钟

　　吃一颗可以大口嚼的石榴是什么体验？来自四川的会理棽鑫软籽石榴将给你答案！会理石榴产地在四川凉山彝族自治州西南部，种植面积约 30 万亩，是名副其实的中国石榴之乡。这里冬无严寒，夏无酷暑，雨热同期，土壤肥沃，得天独厚的地理环境赋予会理石榴果大皮薄、粒大籽软的奇妙口感。每一粒石榴籽像是结成冰晶的红酒佳酿，在阳光的照射下晶莹剔透。抓一把直接塞进嘴里，牙齿轻松穿透被饱满果肉包裹着的软籽，大口咀嚼，大快朵颐，快哉，快哉！

8 熊猫乡甜山药（糯山药）

推荐语：熊猫乡甜，还原小时候山药的味道

星级：
熊猫指数：**84**

→ **感官关键词**：滋味清甜、口感软糯、细腻顺滑
→ **企业名称**：四川分享自然农业科技有限公司
→ **采收时间**：每年 10 月～次年 2 月
→ **企业负责人**：李智鹏　电话：13269692266
→ **销售联系人**：李智鹏　电话：13269692266
→ **基地地址**：四川省雅安市宝兴县熊猫乡甜山药基地
→ **如何到达**：从成都市出发，途经京昆高速、G351，全程 220 千米，耗时 3 小时

9 董山真（糯山药）

推荐语：宝兴有三宝，大理石大熊猫董山药

星级：
熊猫指数：**84**

→ **感官关键词**：山药清香、质感软糯、口感细腻
→ **企业名称**：宝兴县冷山种养殖业农民专业合作社
→ **采收时间**：每年 10 月～次年 2 月
→ **企业负责人**：董尘　电话：13908016811
→ **销售联系人**：董尘　电话：13908016811
→ **基地地址**：四川省雅安市宝兴县五龙乡铁坪山村
→ **如何到达**：从成都市出发，途经京昆高速、G351，全程 220 千米，耗时 3 小时

10 腾龙蓝莓（珠宝）

推荐语：果大肉嫩的蓝莓

星级：
熊猫指数：**84**

→ 感官关键词：甜高酸低、果肉较顺滑、无涩味
→ 企 业 名 称：石棉腾龙农业科技有限公司
→ 采 收 时 间：4 月 ~5 月
→ 企业负责人：何奕璇　电话：13808141077
→ 销售联系人：何奕璇　电话：13808141077
→ 基 地 地 址：四川省雅安市石棉县永和乡
→ 如 何 到 达：从成都出发，途经京昆高速，全程 270.2 千米，耗时 3 小时 28 分钟

11 川荔（带绿）

推荐语：川荔荔枝，带绿极品

星级：
熊猫指数：**84**

→ 感官关键词：纯甜无酸、果肉细嫩、脆弹多汁
→ 企 业 名 称：合江县人禾农业发展有限公司
→ 采 收 时 间：7 月 ~8 月
→ 企业负责人：袁海通　电话：18048687909
→ 销售联系人：袁海通　电话：18048687909
→ 基 地 地 址：四川省泸州市合江县柿子田村九社
→ 如 何 到 达：从成都出发，途经蓉遵高速，全程 350 千米，耗时 4.5 小时

12 26 度果园（攀研 2 号）

推荐语：26 度果园，芒果就是好吃

星级：
熊猫指数：**84**

→ 感官关键词：果香馥郁、浓甜多汁、嫩滑无丝
→ 企 业 名 称：攀枝花 26 度果品开发有限公司
→ 采 收 时 间：8 月~9 月
→ 企业负责人：卜凡　　电话：13882388999
→ 销售联系人：卜凡　　电话：13882388999
→ 基 地 地 址：四川省攀枝花市仁和区总发乡总发村三村民组
→ 如 何 到 达：从成都出发，途经京昆高速，全程 650 千米，耗时 8 小时

13 攀西誉贡芒果（凯特）

推荐语：大口吃肉的凯特芒，唤醒你的味蕾

星级：
熊猫指数：**84**

→ 感官关键词：高甜微酸、肉软多汁、细腻顺滑
→ 企 业 名 称：攀枝花市金果园果业专业合作社
→ 采 收 时 间：8 月~10 月
→ 企业负责人：胡德武　　电话：18081749133
→ 销售联系人：胡德武　　电话：18081749133
→ 基 地 地 址：四川省攀枝花市仁和区前进镇永胜村
→ 如 何 到 达：从西昌市出发，途经京昆高速、金沙江大道东段，全程 225.8 千米，耗时 2 小时 56 分钟

14 粿莓软枣猕猴桃（绿迷 1 号）

推荐语：欧洲品种，匠心种植，一口一个，超级过瘾

星级：
熊猫指数：**84**

- 感官关键词：酸甜浓郁、软糯多汁、略带涩味
- 企 业 名 称：四川省益诺仕农业科技有限公司
- 采 收 时 间：7 月 ~8 月
- 销 售 渠 道：盒马鲜生
- 企业负责人：范晋铭　　电话：13350566918
- 销售联系人：范晋铭　　电话：13350566918
- 基 地 地 址：四川省雅安市雨城区中里镇龙泉村四组
- 如 何 到 达：从成都市出发，途经京昆高速、雅上路，全程 150 千米，耗时 2 小时

15 心虹猕猴桃（金红 1 号）

推荐语：红心猕猴桃首席专家诚心打造

星级：
熊猫指数：**84**

- 感官关键词：酸甜浓郁、细腻软糯、多汁顺滑
- 企 业 名 称：四川盘信农业有限责任公司
- 采 收 时 间：9 月 ~10 月
- 销 售 渠 道：成都洋华堂、百果园、盒马鲜生、京东 7fresh
- 企业负责人：李维波　　电话：18683630666
- 销售联系人：李维波　　电话：18683630666
- 基 地 地 址：四川省成都市蒲江县大兴镇炉平村
- 如 何 到 达：从成都市出发，途经成渝环线高速，全程约 93 千米，耗时 1 小时 30 分钟

16 红金阳猕猴桃（G3）

推荐语：如阳光般闪耀的黄色果肉，透出它充满甜蜜的巨大能量

星级： 84
熊猫指数：**84**

- → 感官关键词：肉软多汁、酸甜可口、香气纯正
- → 企业名称：邛崃市红金阳猕猴桃专业合作社
- → 采收时间：9月~10月
- → 企业负责人：罗功建　电话：18980996289
- → 销售联系人：罗功建　电话：18980996289
- → 基地地址：四川省成都市邛崃市临邛镇店子村
- → 如何到达：从成都市出发，途经成都绕城高速、成温邛快速路，全程80.6千米，耗时1小时24分钟

17 青尚葡萄（中国红玫瑰）

推荐语：青尚葡萄，西昌葡萄

星级： 84
熊猫指数：**84**

- → 感官关键词：纯甜无酸、脆嫩多汁、果皮微涩
- → 企业名称：西昌青尚农业科技有限公司
- → 采收时间：9月~10月
- → 企业负责人：牟绍东　电话：13808085979
- → 销售联系人：牟绍东　电话：13808085979
- → 基地地址：四川省凉山彝族自治州西昌市裕隆回族乡裕隆村
- → 如何到达：从西昌机场出发，途经京昆高速、宁远大道，全程23千米，耗时33分钟

18 青春红石榴（突尼斯软籽）

星级：
推荐语：不用吐籽的石榴，果汁四溢 来一大把，享受汁水喷涌的快感　熊猫指数：**84**

→ 感 官 关 键 词：浓甜微酸、口感爆汁、无苦无涩
→ 企 业 名 称：会理绿野地农业专业合作社
→ 采 收 时 间：8 月 ~10 月
→ 企 业 负 责 人：刘欢　电话：18882077999
→ 销 售 联 系 人：刘欢　电话：18882077999
→ 基 地 地 址：四川省凉山彝族自治州会理市彰冠镇大发村
→ 如 何 到 达：从西昌市出发，途经京昆高速、京昆线，全程 199.8 千米，耗时 4 小时

19 多籽乐石榴（突尼斯软籽）

星级：
推荐语：全新投入十余年，耕耘千亩有机田　熊猫指数：**84**

→ 感 官 关 键 词：个大圆润、甜酸可口、籽软有渣
→ 企 业 名 称：会理市成润农业开发科技有限公司
→ 采 收 时 间：8 月 ~9 月
→ 销 售 渠 道：鑫荣懋、成都伊藤洋华堂
→ 企 业 负 责 人：赵煜中　电话：18481537077
→ 销 售 联 系 人：赵煜中　电话：18481537077
→ 基 地 地 址：四川省凉山彝族自治州会理市富乐乡三岔河村
→ 如 何 到 达：从西昌市出发，途经京昆高速、京昆线，全程 174 千米，耗时 3 小时

191

20 佳源大兴葡萄（阳光玫瑰）

推荐语：西昌核心产区的葡萄天花板

星级：ᐯ
熊猫指数：**84**

→ 感官关键词：酸甜平衡、顺滑多汁、口感细腻
→ 企业名称：西昌市春田佳源农业开发有限公司
→ 采收时间：7 月 ~9 月
→ 企业负责人：余阗　电话：18681250666
→ 销售联系人：余阗　电话：18681250666
→ 基地地址：四川省凉山彝族自治州西昌市大兴镇春田葡萄基地
→ 如何到达：从成都出发，途经京昆高速，全程 480 千米，耗时 6.5 小时

21 17 度阳光葡萄（黑阳光玫瑰）

推荐语：无籽黑提，清脆香甜

星级：ᐯ
熊猫指数：**83**

→ 感官关键词：甜酸可口、顺滑多汁、果肉细嫩
→ 企业名称：西昌市双宇丰源圣域阳光
→ 采收时间：7 月 ~9 月
→ 企业负责人：陈建强　电话：18228759133
→ 销售联系人：陈建强　电话：18228759133
→ 基地地址：四川省凉山彝族自治州西昌市高草回族乡谌堡村
→ 如何到达：从西昌市出发，途经长安中路、菜子山大道，全程 23.9 千米，耗时 49 分钟

22 方藏雪山礼苹果（新红星）

推荐语：雪山冰糖心，还原苹果本味

星级：
熊猫指数：**84**

→ 感官关键词：果香馥郁、浓甜微酸、爽脆多汁
→ 企 业 名 称：甘孜州嘎金雪山商贸有限公司
→ 采 收 时 间：11 月 ~12 月
→ 企业负责人：扎西彭措　电话：18980922227
→ 销售联系人：扎西彭措　电话：18980922227
→ 基 地 地 址：四川省甘孜藏族自治州泸定县烹坝镇冷竹关村黄草坪组
→ 如 何 到 达：从成都市出发，途经京昆高速、雅叶高速，全程 250 千米，耗时 4 小时

23 蜀农苹果（红将军）

推荐语：大凉山丑苹果，甜蜜到心底的幸福

星级：
熊猫指数：**84**

→ 感官关键词：酸甜浓郁、口感酥脆、顺滑多汁
→ 企 业 名 称：盐源县蜀农种植专业合作社
→ 采 收 时 间：9 月 ~11 月
→ 企业负责人：陈功志　电话：18181274501
→ 销售联系人：陈功志　电话：18181274501
→ 基 地 地 址：四川省凉山彝族自治州盐源县盐井镇太安村
→ 如 何 到 达：从西昌市出发，途经京昆高速、G348，全程 137.9 千米，耗时 3 小时 10 分钟

24 兴志盐源苹果（富士）

星级：
熊猫指数：**80**

推荐语：离城市很远，离太阳很近，年均 3000 小时以上日照成就美味的冰糖心"丑苹果"

- ➡ 感官关键词：甜酸适中、果肉较硬脆、口感细腻
- ➡ 企 业 名 称：盐源县绿领农业发展有限公司
- ➡ 采 收 时 间：9 月 ~11 月
- ➡ 销 售 渠 道：沃尔玛超市、善品公社、华润万家
- ➡ 企业负责人：赵兴志　电话：18081639282
- ➡ 销售联系人：赵兴志　电话：18081639282
- ➡ 基 地 地 址：四川省凉山彝族自治州盐源县梅雨镇树子洼村
- ➡ 如 何 到 达：从西昌市出发，途经京昆高速、G348，全程 120 千米，耗时 3 小时

25 绿禾枇杷（早钟 6 号）

星级：
熊猫指数：**84**

推荐语：米易枇杷，大自然的甜美滋味

- ➡ 感官关键词：果肉细嫩、高甜微酸、汁水丰富
- ➡ 企 业 名 称：米易绿禾农业有限责任公司
- ➡ 采 收 时 间：2 月 ~3 月
- ➡ 企业负责人：王成　电话：18089574163
- ➡ 销售联系人：王成　电话：18089574163
- ➡ 基 地 地 址：四川省攀枝花市米易县草场乡龙华村
- ➡ 如 何 到 达：从西昌机场出发，途经京昆高速，全程 145.2 千米，耗时 1 小时 42 分钟

26 攀西阳光枇杷（早钟 6 号）

推荐语：高山枇杷，味美香甜，皮薄肉多

星级： ⌄
熊猫指数：**82**

➜ **感官关键词**：清甜微酸、果肉细腻、汁水丰富
➜ **企业名称**：米易县王成果蔬种植专业合作社
➜ **采收时间**：2 月~3 月
➜ **企业负责人**：廖富碧　电话：18080783069
➜ **销售联系人**：廖富碧　电话：18080783069
➜ **基地地址**：四川省攀枝花市米易县丙谷镇芭蕉箐村
➜ **如何到达**：从西昌机场出发，途经京昆高速、张孟线，全程 162.4 千米，耗时 2 小时 16 分钟

27 攀稀果果枇杷（早钟 6 号）

推荐语：大学生回乡创业，为阳光下的枇杷代言

星级： ⌄
熊猫指数：**81**

➜ **感官关键词**：酸甜可口、细嫩多汁、新鲜完整
➜ **企业名称**：米易鑫瑞丰农业有限公司
➜ **采收时间**：每年 12 月~次年 3 月
➜ **销售渠道**：微店—攀稀果果
➜ **企业负责人**：李雅茜　电话：18181244777
➜ **销售联系人**：李雅茜　电话：13982357277
➜ **基地地址**：四川省攀枝花市米易县草场乡顶针村
➜ **如何到达**：从西昌坐高铁到攀枝花站，距离 222.4 千米，耗时 1 小时 44 分钟。从攀枝花市出发，途经金沙江大道东段、G5 京昆高速，全程 87.5 千米，耗时 1 小时 48 分钟

28 川熊猫竹笋（雷笋）

推荐语：川熊猫竹笋，和悦世界的美味

星级：
熊猫指数：**83**

- ➔ **感官关键词：** 笋香清馨、滋味鲜甜、脆嫩多汁
- ➔ **企业名称：** 四川省旺达瑞生态农业开发有限责任公司
- ➔ **采收时间：** 3月~4月
- ➔ **销售渠道：** 微信小程序—川熊猫
- ➔ **企业负责人：** 周恩军　电话：13980870688
- ➔ **销售联系人：** 周恩军　电话：13980870688
- ➔ **基地地址：** 四川省成都市彭州市通济镇榕城路 1547 号川熊猫
- ➔ **如何到达：** 从成都市出发，途经成都绕城高速、成灌高速，全程 100 千米，耗时 110 分钟

29 和香贡米（和香玉）

推荐语：清香扑鼻，越嚼越香

星级：
熊猫指数：**82**

- ➔ **感官关键词：** 清香回甘、口感爽滑、米饭有光泽
- ➔ **企业名称：** 绵阳和香米业有限公司
- ➔ **采收时间：** 10月
- ➔ **企业负责人：** 赵松涛　电话：13989293123
- ➔ **销售联系人：** 赵松涛　电话：13989293123
- ➔ **基地地址：** 四川省绵阳市梓潼县双峰乡高家村
- ➔ **如何到达：** 从成都机场出发，途经成都绕城高速、成渝环线高速，全程 209.6 千米，耗时 3 小时 12 分钟

天津

2023

1 汇丰甄怡蓝莓（薄雾）

推荐语：汇丰蓝莓，自然滋味

星级：

熊猫指数：**84**

→ 感官关键词：酸甜浓郁、果肉紧实、口感微脆
→ 企 业 名 称：天津汇丰蓝莓种植有限公司
→ 采 收 时 间：4 月 ~6 月
→ 销 售 渠 道：微信小程序—MAP 茂商城
→ 企业负责人：李建旭　　电话：18612838023
→ 销售联系人：李建旭　　电话：18612838023
→ 基 地 地 址：天津市蓟州区马伸桥镇张庄村东
→ 如 何 到 达：从北京市出发，途经京平高速、津蓟高速，全程 130 千
　　　　　　　　米，耗时 1 小时 45 分

2 曙光萝卜（沙窝萝卜）

推荐语：沙窝萝卜，赛鸭梨

星级：

熊猫指数：**84**

→ 感官关键词：水嫩爽脆、微甜不辣、口感细腻
→ 企 业 名 称：天津市曙光沙窝萝卜专业合作社
→ 采 收 时 间：每年 11 月～次年 3 月
→ 企业负责人：张永臣　　电话：13302029633
→ 销售联系人：张永臣　　电话：13302029633
→ 基 地 地 址：天津市西青区辛口镇小沙窝村
→ 如 何 到 达：从北京市出发，途经京津高速、京沪高速，全程 131.9
　　　　　　　　千米，耗时 1 小时 45 分钟

3 天地生小站稻（天隆优619）

推荐语：谁家有米难掩藏，一家焖饭半村香

星级：🌾
熊猫指数：**84**

- ➔ **感官关键词：**米饭清香、爽滑有嚼劲、余味微甜
- ➔ **企业名称：**中化现代农业有限公司天津技术服务中心
- ➔ **采收时间：**9月~11月
- ➔ **销售渠道：**微信小程序—MAP茂商城、MAP天津中心
- ➔ **企业负责人：**陈伟　电话：18911319197
- ➔ **销售联系人：**陈伟　电话：18911319197
- ➔ **基地地址：**天津市西青区王稳庄镇中盛路
- ➔ **如何到达：**从北京市出发，途经京沪高速、荣乌高速，
全程152千米，耗时1小时46分钟

西藏

2023

艾玛土豆（艾玛 1 号）

推荐语："世界屋脊"上的绿色土豆

星级：

熊猫指数：**84**

➡ 感官关键词：干面细腻、滋味清甜、土豆香纯正
➡ 企 业 名 称：南木林县艾玛农工贸总公司
➡ 采 收 时 间：10 月
➡ 企业负责人：米玛顿珠　电话：18143878833
➡ 销售联系人：米玛顿珠　电话：18143878833
➡ 基 地 地 址：西藏自治区日喀则市南木林县艾玛乡夏嘎村
➡ 如 何 到 达：从拉萨市出发，途经沪聂线、G562，全程
　　　　　　　248.7 千米，耗时 4 小时 36 分钟

新疆
2023

1 桃太萌油蟠桃（黄肉油蟠桃）

推荐语：20 年的坚守，创造出戈壁滩上的极致美味

星级：
熊猫指数：**95**

→ **感官关键词**：桃香扑鼻、高甜浓郁、口感软糯
→ **企业名称**：新疆水果大叔农业科技有限公司
→ **采收时间**：7 月~8 月
→ **销售渠道**：真的有料、西域女儿果淘宝独家代理店、新疆水果大叔微信公众号
→ **企业负责人**：王关存　　电话：13119071152
→ **销售联系人**：王关存　　电话：13119071152
→ **基地地址**：新疆维吾尔自治区库尔勒市阿瓦特农场
→ **如何到达**：北京到库尔勒，飞行距离 2780 千米，耗时 4 小时 40 分钟；从库尔勒梨城机场出发，途经迎宾路、振兴路，全程 10 千米，耗时 15 分钟

　　水果大叔王关存用 20 年的坚守，开发出戈壁滩上的极致美味——桃太萌油蟠桃。这颗好评无数的油蟠桃来自新疆中部的库尔勒地区，是喝着博斯腾湖长大的好桃。它属于黄肉油蟠桃品种，靠近果蒂的一端半红半黄，另一端基本呈深红色，布满淡黄乳白的点，犹如朝霞，又如长着小雀斑的妙龄少女，这是桃子甜蜜的象征。不仅如此，其风味更是极佳，高达 18~26 的甜度，令人"未见其桃，先闻其香"。吃一口，细腻的果肉伴着丰盈的汁水让人"桃"醉。

2 羊脂籽米（声农8号）

推荐语：呕心沥血三十载，沙漠稻香羊脂米

星级：
熊猫指数：**90**

→ **感官关键词：** 糯而不粘牙、润泽有弹性、米饭油亮
→ **企业名称：** 阿拉尔市金色沙垦农业发展有限公司
→ **采收时间：** 10月~11月
→ **销售渠道：** 天猫、京东、线下商超
→ **企业负责人：** 杨俊　电话：13899869899
→ **销售联系人：** 范杨阳　电话：18628172655
→ **基地地址：** 新疆维吾尔自治区阿拉尔市十三团
→ **如何到达：** 从阿克苏红旗坡机场出发，途经S207、G580，全程166.1千米，耗时2小时32分钟

　　昆仑山出美玉，白色油润者为羊脂玉。昆仑山脚下，在金色沙漠里用融化的雪水浇灌的大米，晶莹剔透油润，被冠以"羊脂籽米"的称号。羊脂籽，粳糯米，米粒椭圆，白而不透，兼具粳米和糯米的优点，有粳米没有的丰富的口感，有糯米没有的玉润饱满。基地采用生态种植，无农药，无化肥，用农家肥滋养土地，保障每一粒羊脂籽米的生态安全和极致的香气和口感。蒸煮后，米粒晶莹剔透、油亮，升腾的热气中弥漫着治愈人心的绵甜清香，让人意犹未尽，即便不佐菜，也可以吃得津津有味。

3 塔和玉骏枣（骏枣）

推荐语：比鸡蛋还大的健康枣，被誉为沙漠中的红宝石

星级：
熊猫指数：**88**

➡ **感官关键词：**枣香浓郁、味甜细腻、肉厚紧实
➡ **企业名称：**新疆兴翔果业有限公司
➡ **采收时间：**10 月~11 月
➡ **企业负责人：**赵兴柱　电话：13070088509
➡ **销售联系人：**赵兴柱　电话：13070088509
➡ **基地地址：**新疆维吾尔自治区和田地区墨玉县博斯坦库勒开发区 315 国道 2485 千米处
➡ **如何到达：**从和田昆冈机场出发，途经迎宾路、西莎线高速至博斯坦库勒开发区，全程 53 千米，耗时 1 小时 10 分钟

　　熊猫指南在新疆找到了一个像鸡蛋一样大小的枣，这就是塔和玉骏枣，它像沙漠中的红宝石，红艳浓烈。

　　塔和玉骏枣生长在新疆墨玉县，这里是世界水果优生区，日照长，温差大，加上全年长达 220 天的无霜期和昆仑山冰川雪水不断的灌溉，使得骏枣不但果形大、皮薄、肉厚、甘甜醇厚，其维生素 C、蛋白质、矿物质含量均高于同类产品。

4 红福天灰枣（灰枣）

推荐语：好品质，新疆红枣，个小肉厚，口感细腻

星级：
熊猫指数：**87**

→ **感官关键词：** 浓甜无苦味、紧实肉厚、软硬适中
→ **企业名称：** 阿拉尔市红福天枣业有限公司
→ **采收时间：** 10 月~11 月
→ **企业负责人：** 王孝翠　电话：18299557002
→ **销售联系人：** 王孝翠　电话：18299557002
→ **基地地址：** 新疆维吾尔自治区阿拉尔市十三团团部
→ **如何到达：** 从阿克苏机场出发，途经 S207、G580，全程 169.4 千米，耗时 2 小时 44 分钟

新疆灰枣通体发灰，好似挂了一层霜，所以有"灰枣"之称。新疆灰枣生长在戈壁滩上，由于常年高温，以及近30℃的日夜温差，病虫害很少，无需农药，也不施化肥，除了必要的人工冰川雪水灌溉，几乎自然生长。每年11月，灰枣成熟后，会留在树上自然挂干，尽情享受阳光的滋养，等合适的时候，才会采摘下树。这种树上挂干的枣，甜度比普通红枣更高，而且不经过高温烘干，营养得以完好地保留下来。

5 曾曾果园杏李（恐龙蛋）

推荐语：21世纪水果新骄子——网红水果恐龙蛋

星级：
熊猫指数：**88**

→ **感官关键词**：酸甜浓郁、果肉紧实、细嫩多汁
→ **企业名称**：新疆阿克苏曾曾果业有限责任公司
→ **采收时间**：9月~10月
→ **销售渠道**：我买网
→ **企业负责人**：曾湘娥　电话：13918181829
→ **销售联系人**：曾湘娥　电话：13918181829
→ **基地地址**：新疆维吾尔自治区阿克苏地区温宿县共青团镇
→ **如何到达**：从阿克苏出发，途经乌红线，全程38.9千米，耗时52分钟

　　这里所说的恐龙蛋，不是真的恐龙蛋，而是一款大个头的水果，果径4~5厘米，学名"杏李"，是布林和杏杂交而成的一个新品种，品质突出，肉红汁多，国际上公认为21世纪的水果。它有75%的李子基因和25%的杏子基因，是杏李结合的杰出代表。

　　新疆得天独厚的气候条件、充沛的光照、强烈的紫外线、较大的早晚温差、纯净的自然条件，孕育出很多优质农产品。曾曾果园的恐龙蛋挂果均匀，果形果色漂亮，个头大，不同的品种颜色略有差异，有的带有明显的果霜。切开恐龙蛋，汁水丰富，色如滴血，给人的视觉冲击力非常强烈。恐龙蛋糖度高达22，肉质细嫩，芬芳馥郁，布林和杏的味道融合在其中。果肉紧实，口感软硬适中有弹性。富含维生素和矿物质元素，如维生素A、维生素C、β胡萝卜素、花青素等。

6 疆香果新梅（法兰西）

推荐语：疆香果新梅，正宗喀什西梅

星级：
熊猫指数：**87**

→ **感官关键词**：饱满圆润、肉细紧实、酸甜味浓
→ **企 业 名 称**：新疆疆香果果业有限公司
→ **采 收 时 间**：8 月~9 月
→ **企业负责人**：陶金刚　电话：18899355566
→ **销售联系人**：陶金刚　电话：18899355566
→ **基 地 地 址**：新疆维吾尔自治区喀什地区伽师县江巴孜乡 26 村
→ **如 何 到 达**：从喀什徕宁国际机场出发，途经麦喀高速、S311，全程 75 千米，耗时 1 小时 30 分钟

新疆西梅的赏味期十分有限，八月下旬到九月上旬逐渐成熟上市。成熟了的西梅果香浓郁，果肉似琥珀般莹润，带着爽口的甘甜。鲜着吃的西梅，一咬开就能收获爆浆般的口感，汁水里先是带点清爽的果酸味，继而绵长浓郁的甜味占据了每一处味蕾。多层次的甜蜜口感令人欲罢不能，一口一个，超过瘾！

7 楼澜明珠蜜瓜（至爱）

推荐语：守初心，育初雪，白色网纹哈密瓜，风味刚好

星级：
熊猫指数：**84**

→ **感官关键词：** 浓甜无酸、口感爽脆、细腻多汁
→ **企 业 名 称：** 托克逊县农广笑农业服务农民专业合作社
→ **采 收 时 间：** 4 月 ~5 月
→ **企业负责人：** 蒋才学　电话：15299898788
→ **销售联系人：** 蒋豪杰　电话：18538889157
→ **基 地 地 址：** 新疆维吾尔自治区吐鲁番市托克逊县郭勒布依乡开斯克尔村
→ **如 何 到 达：** 从乌鲁木齐地窝堡机场出发，途经连霍高速、吐和高速，全程约 188.7 千米，耗时 2 小时 27 分钟

8 苦豆蜜瓜（新八六）

推荐语：苦豆蜜瓜，苦尽甘来

星级：
熊猫指数：**84**

→ **感官关键词：** 瓜香浓郁、浓甜多汁、瓜肉较细腻
→ **企 业 名 称：** 巴里坤哈萨克自治县小兵种植专业合作社
→ **采 收 时 间：** 7 月 ~8 月
→ **企业负责人：** 闫小兵　电话：13199718633
→ **销售联系人：** 闫小兵　电话：13199718633
→ **基 地 地 址：** 新疆维吾尔自治区哈密市巴里坤哈萨克自治县三塘湖镇下湖村
→ **如 何 到 达：** 从哈密伊州机场出发，途经 G575、京新高速，全程 221.7 千米，耗时 3 小时 10 分钟

9 楼澜明珠沙漠蟠枣（蟠枣）

推荐语：塔克拉玛干的一口沙漠甜

星级：

熊猫指数：**84**

→ 感 官 关 键 词：浓甜无酸、肉质硬实、无苦味
→ 企 业 名 称：托克逊县农广笑农业服务农民专业合作社
→ 采 收 时 间：8 月 ~9 月
→ 企 业 负 责 人：蒋豪杰　电话：18538889157
→ 销 售 联 系 人：蒋豪杰　电话：18538889157
→ 基 地 地 址：新疆维吾尔自治区和田地区墨玉县玉北开发区
→ 如 何 到 达：从库尔勒到和田，飞行距离 853 千米，耗时 2 小时 40 分钟。从和田昆冈机场出发，途经吐和高速、西莎线，全程 78.9 千米，耗时 1 小时 45 分钟

10 戥牌牛奶脆枣（鲜冬枣）

推荐语：一颗喝牛奶长大的枣

星级：

熊猫指数：**84**

→ 感 官 关 键 词：滋味较甜、果肉紧实、汁水适中
→ 企 业 名 称：巴州佳颖汇垚农业科技发展有限公司
→ 采 收 时 间：7 月 ~10 月
→ 企 业 负 责 人：韩佳颖　电话：13779679368
→ 销 售 联 系 人：韩佳颖　电话：13779679368
→ 基 地 地 址：新疆维吾尔自治区巴音郭楞蒙古自治州库尔勒市绿洲农场哈拉苏
→ 如 何 到 达：从库尔勒梨城机场出发，途经 X229、X220，全程 40.9 千米，耗时 49 分钟

11 楼兰娇紫有机灰枣（灰枣）

推荐语：枝头吊干成熟，皮薄核小，好枣好口感

星级：

熊猫指数：**84**

→ **感官关键词：** 核小肉厚、浓甜无苦味、软硬适中
→ **企 业 名 称：** 新疆大美西域农产品经营管理有限公司
→ **采 收 时 间：** 10 月 ~11 月
→ **企业负责人：** 朱丹　**电话：** 15199927619
→ **销售联系人：** 封帅　**电话：** 18799813090
→ **基 地 地 址：** 新疆维吾尔自治区巴音郭楞蒙古自治州库尔勒市迎宾路阿瓦提农场
→ **如 何 到 达：** 从库尔勒梨城机场出发，途经迎宾路，全程 5.9 千米，耗时 8 分钟

12 盛牌树顶红库尔勒香梨（库尔勒香梨）

推荐语："梨"不开的滋润，汁水丰盈

星级：

熊猫指数：**84**

→ **感官关键词：** 浓甜无酸、脆软多汁、细腻顺滑
→ **企 业 名 称：** 库尔勒美旭香梨农民专业合作社
→ **采 收 时 间：** 9 月
→ **企业负责人：** 盛振明　**电话：** 13709955118
→ **销售联系人：** 盛振明　**电话：** 13709955118
→ **基 地 地 址：** 新疆维吾尔自治区巴音郭楞蒙古自治州库尔勒市上户镇上户村
→ **如 何 到 达：** 从库尔勒梨城机场出发，途经机场路、永安大道东段，全程 32.5 千米，耗时 50 分钟

13 詹天意库尔勒香梨（库尔勒香梨）

推荐语：库尔勒香梨，丝绸之路上的西域圣果

星级：

熊猫指数：**84**

→ 感官关键词：高甜微酸、滋味浓郁、爽滑多汁

→ 企 业 名 称：库尔勒市然布种植农民专业合作社

→ 采 收 时 间：9 月

→ 企业负责人：詹茂助　电话：18009962726

→ 销售联系人：詹茂助　电话：18009962726

→ 基 地 地 址：新疆维吾尔自治区铁门关市农二师 29
团园艺三连

→ 如 何 到 达：从库尔勒梨城机场出发，途经伊若线、
吐和高速，全程 77.7 千米，耗时 1 小
时 22 分钟

14 阿瓦褆娜香梨（库尔勒香梨）

推荐语：产自库尔勒香梨的核心产区，60 年规模发展历史的龙头企业

星级：

熊猫指数：**82**

→ 感官关键词：甜中带酸、口感酥脆、顺滑多汁

→ 企 业 名 称：新疆大美西域农产品经营管理有限公司

→ 采 收 时 间：9 月 ~10 月

→ 企业负责人：朱丹　电话：15199927619

→ 销售联系人：封帅　电话：18799813090

→ 基 地 地 址：新疆维吾尔自治区巴音郭楞蒙古自治州
库尔勒市迎宾路阿瓦提农场

→ 如 何 到 达：从库尔勒梨城机场出发，途经迎宾路，
全程 5.9 千米，耗时 8 分钟

209

15 曾曾果园新梅（法兰西）

推荐语：曾曾果园新梅，网红小姐姐水果

星级：
熊猫指数：**82**

→ 感官关键词：个头小巧、皮脆肉软、滋味浓郁
→ 企 业 名 称：新疆阿克苏曾曾果业有限责任公司
→ 采 收 时 间：8 月 ~9 月
→ 企业负责人：曾湘娥　电话：13918181829
→ 销售联系人：曾湘娥　电话：13918181829
→ 基 地 地 址：新疆维吾尔自治区阿克苏地区温宿县共青团镇
→ 如 何 到 达：从阿克苏出发，途经乌红线，全程38.9千米，耗时 52 分钟

16 疆冠伽师新梅（法兰西）

推荐语：伽师县打造全国优质新梅基地

星级：
熊猫指数：**82**

→ 感官关键词：滋味浓甜、皮脆肉软、口感细滑
→ 企 业 名 称：古海尔农民专业合作社
→ 采 收 时 间：8 月 ~9 月
→ 企业负责人：朱仕军　电话：18299672233
→ 销售联系人：朱仕军　电话：18299672233
→ 基 地 地 址：新疆维吾尔自治区喀什地区伽师县英买里乡拉依力克村
→ 如 何 到 达：从喀什徕宁国际机场出发，途经麦喀高速、东环路，全程87.8 千米，耗时 1 小时 24 分钟

17 疆香果杏李（恐龙蛋）

推荐语：通过有机认证的少有恐龙蛋

星级：
熊猫指数：**82**

→ 感官关键词：甜味浓郁、皮脆肉软、细腻多汁
→ 企 业 名 称：新疆疆香果果业有限公司
→ 采 收 时 间：8 月 ~9 月
→ 企业负责人：陶金刚　电话：18899355566
→ 销售联系人：陶金刚　电话：18899355566
→ 基 地 地 址：新疆维吾尔自治区喀什地区伽师县江巴孜乡
　　　　　　　26 村
→ 如 何 到 达：从喀什徕宁国际机场出发，途经麦喀高速、
　　　　　　　S311，全程 75 千米，耗时 1 小时 30 分钟

18 曾曾果园苹果（红色之爱）

推荐语：21 世纪水果新骄子，来自瑞士的红肉苹果

星级：
熊猫指数：**81**

→ 感官关键词：酸甜可口、滋味浓郁、口感沙面
→ 企 业 名 称：新疆阿克苏曾曾果业有限责任公司
→ 采 收 时 间：10 月 ~11 月
→ 销 售 渠 道：我买网
→ 企业负责人：曾湘娥　电话：13918181829
→ 销售联系人：曾湘娥　电话：13918181829
→ 基 地 地 址：新疆维吾尔自治区阿克苏地区温宿县共青团镇
→ 如 何 到 达：从阿克苏出发，途经乌红线，全程 38.9 千米，
　　　　　　　耗时 52 分钟

211

云南
2023

1 飞飞家妮娜皇后（妮娜皇后）

推荐语：妮娜皇后葡萄，营养美味从现在开始

星级：
熊猫指数：**93**

➡ 感官关键词：果香馥郁、浓甜微酸、细腻无籽
➡ 企 业 名 称：弥勒市姬菲果蔬种植庄园
➡ 采 收 时 间：8月~9月
➡ 企业负责人：郭飞　电话：13987395009
➡ 销售联系人：郭飞　电话：13987395009
➡ 基 地 地 址：云南省红河哈尼族彝族自治州弥勒市弥阳
　　　　　　　镇牛背村
➡ 如 何 到 达：从昆明市出发，途经汕昆高速、广昆高速，
　　　　　　　全程142.5千米，耗时1小时55分钟

妮娜皇后是日本培育的四倍体红色特大粒葡萄品种，该品种对外观、香气、糖度、口感均有严苛要求。

弥勒市地处亚热带季风气候区，年平均降雨量835.4毫米，年平均气温18.8℃，年日照2131.4小时，无霜期323天，光照充足，昼夜温差较大，利于果实糖分积累，十分适宜妮娜皇后葡萄种植。妮娜皇后色泽好，果实大，单粒葡萄最大的接近乒乓球大小，香气浓郁胜佳酿，糖度可达25~27。咬上一口，特有的玫瑰花香、牛奶香和红酒香瞬间征服味蕾，丰富的口感久久不能散去。

2 微玉玉米（雪甜7401）

星级：
熊猫指数：**92**

推荐语：爆浆冰糖玉米，充满活力的玉米，美味由内而外，既有水果的甜度也有粗粮的营养

→ 感官关键词：籽粒白亮、浓甜爆汁、鲜嫩爽脆
→ 企业名称：厦门微玉生态农业有限公司
→ 采收时间：每年10月～次年7月
→ 销售渠道：百果园、盒马鲜生、开市客、永辉超市
→ 企业负责人：翁钦　电话：18950013023
→ 销售联系人：翁钦　电话：18950013023
→ 基地地址：云南省西双版纳傣族自治州勐腊县勐满镇景龙村
→ 如何到达：从西双版纳机场出发，途经允大公路、东风路，全程52.1千米，耗时1小时15分钟

　　微玉冰糖是水果玉米的一种，因外表雪白，也被称为牛奶玉米。雪甜7401是目前全国唯一通过审定的白甜水果玉米品种。和普通玉米相比，它的颗粒更为饱满、皮更薄、汁更多，质脆，清甜，无渣，汁浆如牛奶般香甜，可直接当水果生吃。薄薄的皮轻轻一咬就破，清香的汁液瞬间溢满齿颊，爆浆的快感让人无比享受。

3 褚橙（冰糖橙）

推荐语：曾经的糖王、烟王褚时健匠心打造的"励志橙"

星级：

熊猫指数：**90**

→ **感官关键词**：清甜微酸、清爽多汁、细腻化渣
→ **企业名称**：云南褚氏农业有限公司
→ **采收时间**：11月~12月
→ **销售渠道**：全国主要零售渠道均有销售，并远销加拿大、新加坡等国
→ **企业负责人**：褚一斌
→ **销售联系人**：魏新乐　电话：13759571007
→ **基地地址**：云南省玉溪市新平县哀牢山玉溪基地
→ **如何到达**：从昆明机场出发，途经昆磨高速、S306、S218，全程266.7千米，耗时4小时

　　褚橙是冰糖橙，由褚时健从湖南引进云南种植，经过一系列标准化的种植改良后，有了现在更优于普通冰糖橙的口感和品质，云南玉溪哀牢山因此成为中国冰糖橙的高地。

　　冰糖橙，又名冰糖柑，原产地湖南洪江市（原黔阳县），是土生土长的中国品种，也是中国国家地理标志产品。冰糖橙以品种优良、味浓香甜、果皮薄、不塞牙、肉质脆嫩等备受市场欢迎。

　　褚橙之所以成为橙王，首先，用工业化的思维、标准化的种植方法做农业；其次，用家族信誉做品牌；最后，用国际化的手段做营销，无论是和国际企业的跨界合作，还是和国内各大平台的年度协议，都体现着褚家现代化的管理和营销理念。每年11月初的"褚橙开园节"已成为国内柑橘产业的一场盛事。

4 蓝美莓蓝莓（优瑞卡）

推荐语：满口留香的蓝莓

星级：
熊猫指数：**89**

→ **感官关键词：** 酸甜浓郁、果肉紧实、口感微脆
→ **企 业 名 称：** 云山吉农业发展（深圳）有限责任公司
→ **采 收 时 间：** 每年12月～次年8月
→ **企业负责人：** 汪东洋　电话：18511893057
→ **销售联系人：** 汪东洋　电话：18511893057
→ **基 地 地 址：** 云南省红河哈尼族彝族自治州蒙自市草坝镇第17村
→ **如 何 到 达：** 从昆明站乘坐火车到蒙自站，距离262千米，耗时2小时55分。从蒙自站出发，途经五家寨公路，全程21.1千米，耗时33分钟

　　在海拔1500米以上独特的气候和酸性红壤的滋养，让蓝美莓蓝莓拥有果肉饱满、甜度高的优秀品质。一口吃下去，清脆柔嫩的果肉便在唇齿间化为果浆，浓甜低酸的鲜美让人一口一个根本停不下来。

5 鑫湖东杨梅（东魁）

推荐语：东方一颗魁梧星，多汁酸甜天赐物

星级：
熊猫指数：**89**

→ **感 官 关 键 词**：个大均匀、滋味浓郁、紧实多汁
→ **企 业 名 称**：石屏县湖东杨梅专业合作社
→ **采 收 时 间**：5月~6月
→ **企 业 负 责 人**：杜增华　电话：13987365649
→ **销 售 联 系 人**：杜增华　电话：13987365649
→ **基 地 地 址**：云南省红河哈尼族彝族自治州石屏县坝心镇异龙湖南岸中段
→ **如 何 到 达**：从昆明市出发，途经澄川高速、通建高速，全程213.2千米，耗时2小时36分钟

　　漫山杨梅，挂满紫红色的果实，那乒乓球大小的"巨型"体型，为鑫湖东杨梅赢得了一个形象的名字——东魁。有幸在树下摘一粒，放在鼻尖，立刻嗅到浓郁的香气。咬下一口，甜甜的汁水冲击着口腔，味蕾瞬间被唤醒。轻轻咀嚼，果肉饱满柔顺，温和的酸味显现，与甜味交融。如果冰镇一下再吃，是翻了倍的刺激。

6 采季人参果（圆果）

推荐语：香甜的汁水混合着诱人的果香，尝一口就是一种享受

星级：
熊猫指数：**89**

→ **感官关键词：**纯甜无酸、细腻顺滑、汁水充沛
→ **企业名称：**石林妙隆农业发展有限公司
→ **采收时间：**8月~12月
→ **企业负责人：**杨松艳　电话：13908854996
→ **销售联系人：**杨松艳　电话：13908854996
→ **基地地址：**云南省昆明市石林彝族自治县西街口镇大雨布宜村
→ **如何到达：**从昆明市出发，途经嵩昆高速、汕昆高速，全程101.1千米，耗时1小时29分钟

　　采季人参果孕育在云南石林，这里是公认的人参果优质产区，素有"中国人参果之乡"的美称。果子皮薄如纸，汁水丰富，堪称水果界的"灌汤包"。咬上一口，丰富的汁水便涌满整个口腔，留下温润的甘甜，好不过瘾！

7 快乐阳光葡萄（阳光玫瑰）

推荐语：阳光孕育出来的葡萄

星级：
熊猫指数：**89**

→ **感官关键词：**香味明显、无籽、果肉细腻
→ **企业名称：**云南大家农业科技发展有限责任公司
→ **采收时间：**5 月~6 月
→ **企业负责人：**许家忠　电话：13324928899
→ **销售联系人：**许家忠　电话：13324928899
→ **基地地址：**云南省红河哈尼族彝族自治州建水县南庄镇羊街村
→ **如何到达：**从昆明市出发，途经澄川高速、通建高速，全程 167.5 千米，耗时 2 小时 14 分钟

　　阳光玫瑰原产于日本，又名"香印青提"，"香印"是"shine"的音译。因其带有玫瑰香气，在我国一般称为"阳光玫瑰"。快乐阳光葡萄产自云南，这颗被阳光亲吻过的果子具有粒大、甜度高、酸度低、有迷人玫瑰香气的特点，浅尝一口，就能让人心生愉悦。

8 东方红一号葡萄（阳光玫瑰）

推荐语：阳光玫瑰东方红，西南冬日香正浓

星级：
熊猫指数：**88**

→ **感 官 关 键 词**：皮薄肉嫩、无籽、香甜多汁
→ **企 业 名 称**：云南浙滇农业发展有限公司
→ **采 收 时 间**：4 月 ~5 月
→ **企 业 负 责 人**：郭峰　电话：13806654579
→ **销 售 联 系 人**：郭峰　电话：13806654579
→ **基 地 地 址**：云南省楚雄彝族自治州元谋县黄瓜园镇东方红一号基地
→ **如 何 到 达**：从昆明出发，途经机场高速、G5 京昆高速、G5 京昆高速，全程 203 千米，耗时 1 小时 38 分钟

　　云南海拔高、紫外线强、日照充足、昼夜温差大等条件带给东方红一号葡萄个大高甜、无酸涩感的高品质。咬一口，便露出晶莹剔透的果肉，水润饱满，脆滑爽口，馥郁香甜。葡萄的果香中带着玫瑰的花香，丝丝缕缕萦绕舌尖。皮薄如蝉翼，不涩不苦，连皮带肉一起吞下也毫无违和感。

9 高原荔枝（妃子笑）

推荐语："妃子笑"荔枝评比组全国金奖

星级：↘
熊猫指数：**88**

→ **感官关键词**：肉厚多汁、浓甜带酸、脆嫩有弹性
→ **企 业 名 称**：红河屏边天时农业科技发展有限公司
→ **采 收 时 间**：5 月~6 月
→ **销 售 渠 道**：永辉超市、上海诚实果品、爱泽阳光
→ **企业负责人**：姚正民　电话：15154918080
→ **销售联系人**：姚正民　电话：15154918080
→ **基 地 地 址**：云南省红河哈尼族彝族自治州屏边县玉屏镇平田村委会咪咪底小组
→ **如 何 到 达**：从昆明出发，途经广坤高速、开河高速，全程 320.5 千米，耗时 4 小时 16 分钟

　　妃子笑，别名落塘蒲、玉荷包。晚唐诗人杜牧那句"一骑红尘妃子笑，无人知是荔枝来"人尽皆知。

　　妃子笑荔枝果皮颜色为青红色，形状近圆形或卵圆形。表皮薄，龟裂片凸起，裂片峰细密，锐尖刺手。果肉厚，白蜡色，汁多，蜜甜，清香，核中等大小。它在未转红前已经味甜可食，全红过熟后品质反而会下降。北方人吃到的荔枝基本上都是妃子笑，原因很简单，荔枝是最不易保存的生鲜果品，而妃子笑这个品种较耐储运，既适于鲜食，也适于干制，相对来说货架期长，难怪当年杨贵妃吃到的就是它。

10 谷魂遮放贡米（滇屯 502）

推荐语：千年古稻改良，香米鼻祖"复活"

星级：
熊猫指数：**85**

→ **感官关键词：** 白润如玉、清香可口、软滑适中
→ **企业名称：** 芒市遮放贡米有限责任公司
→ **采收时间：** 10 月~11 月
→ **销售渠道：** 华润万家、八马茶业连锁店、红旗连锁、遮放贡米天猫旗舰店、阿里巴巴生活超市
→ **企业负责人：** 杨爱华　电话：13608763993
→ **销售联系人：** 杨爱华　电话：13608763993
→ **基地地址：** 云南省德宏傣族景颇族自治州芒市遮放镇允乌村
→ **如何到达：** 从德宏芒市机场出发，途经沪瑞线、G320，全程 46.6 千米，耗时 1 小时 1 分钟

在云南，流传着这样的说法：下关风，龙陵雨，芒市谷子，遮放米。这个遮放，是中缅边境的一个农业古镇。

在古代，遮放的稻米可以长到 3 米高，古人是骑着大象收割的。即使在今天，它也能长到 2 米多。在明朝，遮放大米曾作为贡品进贡给朝廷，使得遮放稻米声名大噪。

西南少数民族的稻米文化——谷神崇拜在遮放一直延续着。山脚的竹楼里，是村民们世代供奉的"谷魂"，深秋的遮放坝子晨雾朦胧，村民们聚在谷魂亭"祭谷魂"，感谢大自然孕育的稻米养育了这方水土。

遮放贡米，为中国国家地理标志产品。它香松酥软，热不黏稠，冷不回生，营养丰富，食之不腻。其原始的芳香可使任何美味佳肴黯然失色，最好的食用方法就是单独品尝。咀嚼时，满口芬芳如谷神在舞，故又称"会跳舞的米"。

11 夏果妈妈澳洲坚果（农试 344）

推荐语：澳洲坚果皇后的好吃夏果

星级：
熊猫指数：**84**

→ 感官关键词：果仁饱满、微甜有奶香、口感细腻
→ 企业名称：云南云澳达坚果开发有限公司
→ 采收时间：全年
→ 企业负责人：李晓波　电话：13759367833
→ 销售联系人：李晓波　电话：13759367833
→ 基地地址：云南省临沧市镇康县南伞
→ 如何到达：从昆明出发，途经昆磨高速、天猴高速，全程 750 千米，耗时 10 小时

12 林苍山上澳洲坚果（OC）

推荐语：不上镜的素颜坚果，我的真爱

星级：
熊猫指数：**84**

→ 感官关键词：奶油香、个大饱满、口感细腻
→ 企业名称：临沧工投顺宁坚果开发有限公司
→ 采收时间：8 月 ~9 月
→ 销售渠道：临沧工投顺宁坚果淘宝店
→ 企业负责人：罗云瑞　电话：18487148786
→ 销售联系人：罗云瑞　电话：18487148786
→ 基地地址：云南省临沧市凤庆县凤庆滇红生态产业园区
→ 如何到达：从大理市出发，途经杭瑞高速、祥临公路，全程 251.6 千米，耗时 4 小时 51 分钟

13 林苍山上核桃（泡核桃）

推荐语：自然香脆，淡淡果香缠绕舌尖

星级：
熊猫指数：**84**

→ 感官关键词：皮薄肉酥、微甜细腻、果仁饱满
→ 企 业 名 称：临沧工投顺宁坚果开发有限公司
→ 采 收 时 间：9 月 ~10 月
→ 销 售 渠 道：临沧工投顺宁坚果淘宝店
→ 企业负责人：罗云瑞　电话：18487148786
→ 销售联系人：罗云瑞　电话：18487148786
→ 基 地 地 址：云南省临沧市凤庆县凤庆滇红生态产业园区
→ 如 何 到 达：从大理市出发，途经杭瑞高速、祥临公路，全程 251.6 千米，耗时 4 小时 51 分钟

14 良道花生（黑花生）

推荐语：良道有机，开启有机新天地

星级：
熊猫指数：**84**

→ 感官关键词：颗粒饱满、味甜无涩、细腻顺滑
→ 企 业 名 称：云南良道农业科技有限公司
→ 采 收 时 间：10~11 月
→ 销 售 渠 道：盒马鲜生、华联超市
→ 企业负责人：田柏青　电话：13211768066
→ 销售联系人：田柏青　电话：13211768066
→ 基 地 地 址：云南省昆明市五华区西翥街道半路街
　　　　　　　母格新村
→ 如 何 到 达：从昆明出发，途经南绕城高速、轿子
　　　　　　　山旅游专线，全程 80 千米，耗时 1
　　　　　　　小时 30 分钟

15 旭润庄园云耳（黑木耳）

推荐语：高原云耳下的桑木耳

星级：
熊猫指数：**84**

→ **感官关键词**：肉厚、爽脆、有嚼劲
→ **企 业 名 称**：昆明旭日丰华农业科技有限公司
→ **采 收 时 间**：3 月 ~6 月、9 月 ~11 月
→ **销 售 渠 道**：山姆会员店、本来生活
→ **企业负责人**：姚远　电话：15721899109
→ **销售联系人**：姚远　电话：15721899109
→ **基 地 地 址**：云南省石林县安山路与库区泵站进场路之间
→ **如 何 到 达**：从昆明机场出发，途经昆明绕城高速、汕昆高速，全程 86 千米，耗时 1 小时 9 分钟

16 昕香玉水果玉米（金银 208）

推荐语：可以生吃的超甜玉米

星级：
熊猫指数：**84**

→ **感官关键词**：超级甜、脆嫩多汁、颗粒饱满
→ **企 业 名 称**：宁波市镇海金果园蔬果专业合作社
→ **采 收 时 间**：全年
→ **企业负责人**：金剑侠　电话：13336860008
→ **销售联系人**：金剑侠　电话：13336860008
→ **基 地 地 址**：云南省红河哈尼族彝族自治州建水县羊街镇阿子冲村
→ **如 何 到 达**：从昆明市出发，途经澄川高速、通建高速，全程 164.7 千米，耗时 2 小时 12 分钟

17 云养尚品玉米（白拇指玉米）

推荐语：云养尚品，西双版纳老玉米

星级：
熊猫指数：**84**

→ **感官关键词：** 个小粒大、滋味清甜、口感脆嫩
→ **企 业 名 称：** 西双版纳寻尚农业发展有限公司
→ **采 收 时 间：** 全年
→ **企业负责人：** 邓萍　电话：18487123842
→ **销售联系人：** 邓萍　电话：18487123842
→ **基 地 地 址：** 云南省西双版纳傣族自治州景洪市勐龙镇
　　　　　　　曼龙扣村民委员会曼养村民小组
→ **如 何 到 达：** 从西双版纳出发，途经允大公路、东风路，
　　　　　　　全程 50 千米，耗时 1 小时

18 蜜悦蓝莓（M77）

推荐语：一口甜蜜，满心喜悦

星级：
熊猫指数：**84**

→ **感官关键词：** 酸甜滋味、果肉较软、口感细腻
→ **企 业 名 称：** 红河上农农业科技有限责任公司
→ **采 收 时 间：** 2 月 ~5 月
→ **企业负责人：** 刘泉山　电话：15987383360
→ **销售联系人：** 李丹娜　电话：18987657860
→ **基 地 地 址：** 云南省红河哈尼族彝族自治州蒙自市雨过铺镇新寨村
　 如 何 到 达： 从昆明坐火车到蒙自站，距离 262 千米，耗时 2 小时 55 分。从蒙自站出发，途经
　　　　　　　蒙马线、香塘公路，全程 33.6 千米，耗时 1 小时 3 分钟

19 阿囡阿宝黄金桃（油桃）

推荐语：彩云之南的甜蜜，吃出幸福感

星级：
熊猫指数：**84**

➡ **感官关键词**：酸甜味浓、皮脆肉软、果肉细腻
➡ **企业名称**：云南彩标农业科技开发有限公司
➡ **采收时间**：5月~6月
➡ **企业负责人**：李彩标　**电话**：13606877700
➡ **销售联系人**：李君剑　**电话**：13739225777
➡ **基地地址**：云南省文山壮族苗族自治州砚山县维摩彝族乡幕菲勒村片区
➡ **如何到达**：从昆明出发，途经昆明绕城高速、广昆高速，全程约295.7千米，耗时3小时22分钟

20 云美冠沃柑（沃柑）

推荐语：云南高原沃柑，入你心"柑"

星级：
熊猫指数：**84**

➡ **感官关键词**：皮薄多汁、高甜微酸、果粒细嫩
➡ **企业名称**：宾川县云福农副产品加工有限责任公司
➡ **采收时间**：4月~7月
➡ **企业负责人**：曾志军　**电话**：13808762888
➡ **销售联系人**：曾雅婷　**电话**：15393947964
➡ **基地地址**：云南省大理白族自治州宾川县金牛镇小河底
➡ **如何到达**：从大理机场出发，途经大永高速，全程47.3千米，耗时53分钟

21 **高原鸿苹果（红冠）**

推荐语：高原鸿苹果，还原苹果味

星级：
熊猫指数：**84**

→ 感官关键词：果实清香、果肉硬脆、酸甜浓郁
→ 企业名称：石林绿宝康农业产业开发有限公司
→ 采收时间：6 月 ~8 月
→ 企业负责人：赵文荣　电话：13808752210
→ 销售联系人：赵文荣　电话：13808752210
→ 基地地址：云南省昆明市石林彝族自治县石林街道办事处松子园村委会松子园村
→ 如何到达：从昆明出发，途经昆明绕城高速、汕昆高速，全程 100 千米，耗时 1 小时 30 分钟

22 **古布山果苹果（帝青）**

推荐语：青青的苹果，脆甜的心

星级：
熊猫指数：**84**

→ 感官关键词：酸甜可口、肉质硬脆、细腻顺滑
→ 企业名称：蒙自天安果业有限公司
→ 采收时间：8 月 ~9 月
→ 企业负责人：万燕津　电话：13518797711
→ 销售联系人：万燕津　电话：13518797711
→ 基地地址：云南省红河哈尼族彝族自治州蒙自市老寨乡古布龙村
→ 如何到达：从昆明市出发，途经昆明绕城高速、广昆高速，全程 299 千米，耗时 3 小时 31 分钟

23 赵人生人参果（圆果）

推荐语：一颗补水的小精灵

星级：
熊猫指数：**84**

- 感官关键词：味香清爽、肉软细腻、清甜多汁
- 企 业 名 称：昆明皇农商贸有限公司
- 采 收 时 间：7月~10月
- 企业负责人：赵国富　电话：15912575906
- 销售联系人：赵国富　电话：15912575906
- 基 地 地 址：云南省昆明市石林县路花村
- 如 何 到 达：从昆明市出发，途经汕昆高速、昆明绕城高速，全程98.3千米，耗时1小时19分钟

24 滇猴王李刚猕猴桃（红阳）

推荐语：抢鲜世界的第一口猕甜

星级：
熊猫指数：**84**

- 感官关键词：酸甜滋味、果肉软糯、细腻顺滑
- 企 业 名 称：石屏县卓易农业科技开发有限公司
- 采 收 时 间：7月~8月
- 销 售 渠 道：百果园、盒马鲜生
- 企业负责人：唐饶　电话：13330407161
- 销售联系人：唐饶　电话：13330407161
- 基 地 地 址：云南省红河哈尼族彝族自治州石屏县坝心镇王家冲村十字坡
- 如 何 到 达：从昆明市出发，途经昆磨高速、通建高速，全程228.8千米，耗时3小时25分钟

25 雾猕猕猴桃（东红）

推荐语：高山红心猕猴桃，甜蜜心意，只为等你

星级：
熊猫指数：**84**

→ 感官关键词：浓甜微酸、沙软多汁、细腻无渣
→ 企业名称：屏边润弘农业开发有限公司
→ 采收时间：8 月 ~9 月
→ 企业负责人：姜虹波　电话：13608739466
→ 销售联系人：姜虹波　电话：13608739466
→ 基地地址：云南省红河哈尼族彝族自治州屏边县玉屏镇平田村
→ 如何到达：从昆明市出发，途经广昆高速、开河高速，全程 325.6 千米，耗时 3 小时 38 分钟

26 采季甜柿（次郎）

推荐语：一个柿子的历练，一段甜蜜的等待，不忘花开灿烂，不忘结果硕累

星级：
熊猫指数：**84**

→ 感官关键词：纯甜无涩味、口感硬脆、细腻顺滑
→ 企业名称：石林妙隆农业发展有限公司
→ 采收时间：8 月 ~10 月
→ 企业负责人：杨松艳　电话：13908854996
→ 销售联系人：杨松艳　电话：13908854996
→ 基地地址：云南省昆明市石林县西街口镇大雨布宜村
→ 如何到达：从昆明市出发，途经嵩昆高速、汕昆高速，全程 101.1 千米，耗时 1 小时 29 分钟

27 傣王稻大米（云粳 37 号）

推荐语：中国香米第一品牌

星级：
熊猫指数：**84**

➡ 感官关键词：米饭清香、油亮有光泽、粘弹适中
➡ 企 业 名 称：勐海曼香云天农业发展有限公司
➡ 采 收 时 间：6 月~7 月
➡ 企业负责人：柳展　电话：18387100711
➡ 销售联系人：柳展　电话：18387100711
➡ 基 地 地 址：云南省西双版纳傣族自治州勐海县勐遮镇
　　　　　　　曼弄村
➡ 如 何 到 达：从西双版纳出发，途经西景线，全程 63
　　　　　　　千米，耗时 1 小时 50 分钟

28 团圆红石榴（突尼斯软籽）

推荐语：团圆红石榴，团团圆圆的滋味

星级：
熊猫指数：**84**

➡ 感官关键词：个大饱满、高甜多汁、籽软可食
➡ 企 业 名 称：永胜县鼎宸农业发展有限公司
➡ 采 收 时 间：8 月~10 月
➡ 企业负责人：张朝波　电话：13987199229
➡ 销售联系人：张朝波　电话：13987199229
➡ 基 地 地 址：云南省丽江市永胜县程海镇河口村
➡ 如 何 到 达：从丽江市出发，途经华丽高速、黑石段，全程 113 千米，耗时 2 小时

29 南疆云品石榴（甜绿籽）

推荐语：来自云南的美味，脆甜水嫩，汁多肥美

星级：
熊猫指数：**84**

→ 感官关键词：白中透粉、甜酸浓郁、爽脆多汁
→ 企 业 名 称：蒙自市南疆水果产销专业合作社
→ 采 收 时 间：9 月 ~10 月
→ 企业负责人：童锋　电话：18787311166
→ 销售联系人：童锋　电话：18787311166
→ 基 地 地 址：云南省红河哈尼族彝族自治州蒙自市新安所镇下东山村
→ 如 何 到 达：从昆明市出发，途经广昆高速、开河高速，全程 260.7 千米，耗时 2 小时 55 分钟

30 蒙生石榴（甜绿籽）

推荐语：产自"中国石榴之乡"的优质石榴典型代表

星级：
熊猫指数：**83**

→ 感官关键词：浓甜弱酸、爽脆多汁、无苦涩味
→ 企 业 名 称：云南蒙生石榴产销专业合作社
→ 采 收 时 间：9 月 ~10 月
→ 销 售 渠 道：北京麦德龙超市、京东商城蒙自扶贫馆
→ 企业负责人：张演　电话：13529493043
→ 销售联系人：张演　电话：13529493043
→ 基 地 地 址：云南省红河哈尼族彝族自治州蒙自市新安所镇小红寨村
→ 如 何 到 达：从昆明出发，途经广昆高速、开河高速至蒙自市新安所镇，全程 280 千米，耗时 3 小时 30 分钟

31 云禾葡萄（夏黑）

推荐语：高原葡萄，彩云之南的甜

星级：⬇
熊猫指数：**83**

- ➡ 感官关键词：酸甜浓郁、果肉紧实、软嫩多汁
- ➡ 企 业 名 称：云南云禾生态农业种植有限公司
- ➡ 采 收 时 间：4 月~5 月
- ➡ 企业负责人：谢彬　电话：13357198735
- ➡ 销售联系人：马国凡　电话：13887353113
- ➡ 基 地 地 址：云南省红河哈尼族彝族自治州建水县南庄镇干龙潭村二队云禾农业
- ➡ 如 何 到 达：从昆明出发，途经澄川高速、通建高速，全程约 167.7 千米，耗时 2 小时 7 分钟

32 良道芹菜（西芹）

推荐语：良道有机，开启有机新天地

星级：⬇
熊猫指数：**83**

- ➡ 感官关键词：芹菜香浓郁、滋味微甜、多汁爽脆
- ➡ 企 业 名 称：云南良道农业科技有限公司
- ➡ 采 收 时 间：每年 8 月~次年 1 月
- ➡ 销 售 渠 道：盒马鲜生、华联超市
- ➡ 企业负责人：田柏青　电话：13211768066
- ➡ 销售联系人：田柏青　电话：13211768066
- ➡ 基 地 地 址：云南省昆明市五华区西翥街道半路街母格新村
- ➡ 如 何 到 达：从昆明出发，途经南绕城高速、轿子山旅游专线，全程 80 千米，耗时 1 小时 30 分钟

33 牛夫人牛肝菌（黑牛肝）

推荐语：牛夫人牛肝菌，中国唯一工厂化栽培牛肝菌

星级：
熊猫指数：**83**

→ **感官关键词**：菌香浓郁、滋味鲜甜、多汁滑嫩
→ **企 业 名 称**：景洪宏臻农业科技有限公司
→ **采 收 时 间**：全年
→ **销 售 渠 道**：盒马鲜生
→ **企业负责人**：石建同　电话：13916946491
→ **销售联系人**：李楠　电话：13611375168
→ **基 地 地 址**：云南省西双版纳傣族自治州景洪市勐龙镇曼亮伞讷村
→ **如 何 到 达**：从西双版纳机场出发，途经允大公路、东风路，全程39.5千米，耗时55分钟

34 巍小檬柠檬（香水柠檬）

推荐语：不一样的酸爽，果肉晶莹剔透，营养价值高；不一样的颜值，果形饱满，表皮细腻

星级：
熊猫指数：**81**

→ **感官关键词**：香气浓郁、酸味浓郁、略带苦味
→ **企 业 名 称**：巍山聚丰农业科技有限公司
→ **采 收 时 间**：全年
→ **销 售 渠 道**：微信小程序—云南巍小檬
→ **企业负责人**：于明　电话：18530800947
→ **销售联系人**：于明　电话：18530800947
→ **基 地 地 址**：云南省大理白族自治州巍山彝族回族自治县五印乡蒙新村
→ **如 何 到 达**：从大理市出发，途经G215、笔架山公路，全程134.1千米，耗时3小时27分钟

浙江

2023

1 静橘（红美人）

推荐语：象山走出的橘色"美人"

星级：
熊猫指数：**90**

- ➜ **感官关键词：**酸甜浓郁、皮薄爆汁、细腻化渣
- ➜ **企业名称：**宁波田园牧歌农业发展有限公司
- ➜ **采收时间：**每年11月~次年1月
- ➜ **企业负责人：**韩东道　电话：13456114365
- ➜ **销售联系人：**韩东道　电话：13456114365
- ➜ **基地地址：**浙江省宁波市象山县定塘镇小湾塘
- ➜ **如何到达：**从宁波市出发，途经甬台温复线高速、沿海高速，全程90.9千米，耗时1小时22分钟

　　"红美人"，学名爱媛28号，最早源于日本，是名贵且稀有的柑橘品种。它身上有着复杂的"家族关系"，是拥有橘、橙、柚血统的"混血儿"。宁波象山是国内第一个引进"红美人"的地方，这里坐拥北纬30°的黄金气候，沐浴着东海的阳光，是种植柑橘的佳地。

　　"红美人"有着极佳的口感，果肉晶莹剔透，味浓甘甜，90%的出汁率堪称可以吸的果冻。熊猫指南三星产品"静橘"坚持从源头把控种植与管理，拥有120亩象山柑橘博览园和350亩标准化示范基地，引进光电数字分选系统，对每一颗"红美人"的甜度、酸度进行识别分级，确保发出去的每一颗果实都有绝佳的品质。

2 甬红橘（红美人）

推荐语：中国第一颗红美人

星级：
熊猫指数：**89**

→ **感官关键词**：皮薄多汁、浓甜微酸、入口化渣
→ **企业名称**：象山甬红果蔬有限公司
→ **采收时间**：每年11月~次年1月
→ **企业负责人**：顾品　电话：13858252710
→ **销售联系人**：顾品　电话：13858252710
→ **基地地址**：浙江省宁波市象山县晓塘乡晓塘村顾家
→ **如何到达**：从宁波出发，途经甬莞高速、沿海南线，全程114千米，耗时2小时

"红美人"和普通橘子最大的不同在于，它无籽无核，只有橘子的中心有一根细细的茎，剥开以后，仿若无皮一般，一口下去，果汁便在口腔中爆开，瞬间香气四溢。

甬红橘（红美人）生长在"红美人"最适宜生长的象山。这里是半岛地貌，三面环海，空气清新，水源清洁，培育出来的"红美人"果大无核，个头圆润，长相十分可人。

皮薄肉厚的红美人，轻轻一剥，就能感受到满满的汁水在外溢。拿一瓣放入口中，瞬间就化成了水，满嘴都是橘子汁，嚼不到一点橘渣。

"红美人"含有丰富的维生素C、维生素E及柠檬酸，仅一颗，就可以补充一个人一天所需的维生素。

3 仙洲牌仙居杨梅（东魁）

推荐语：往后余生，只愿丹果如蜜甜

星级：
熊猫指数：**89**

➜ **感官关键词：**个大均一、酸甜可口、紧实多汁
➜ **企 业 名 称：**仙居县朝晖果蔬专业合作社
➜ **采 收 时 间：**6 月
➜ **企业负责人：**郭金星　电话：13906556006
➜ **销售联系人：**郭壮飞　电话：18117253721
➜ **基 地 地 址：**浙江省台州市仙居县南峰街道船山村酒壶坑杨梅园
➜ **如 何 到 达：**从台州市出发，途经台金高速，全程 94.1 千米，耗时 1 小时 21 分钟

　　杨梅之所以迷人，是因为它既有甜的滋味，又有酸的骨架，恰当的酸甜比才是一颗杨梅真正的灵魂。

　　在诸多杨梅里，仙洲牌仙居杨梅（东魁）深受大家喜爱。大如乒乓球的个头，丰富的汁水，还有超高甜度融合着独特酸味的浓郁滋味，让人忍不住细品又忍不住吃上一颗又一颗。它不但有着大多数人都会喜爱的味道。还有令人心动的娇小果核，和它整个大如乒乓的体积形成了非常鲜明的反差，让人不得不怒赞它的可食用率！

　　拿起一颗东魁杨梅，就那么轻轻一挤，粉紫色的甜美汁水四溢，瞬间就能唤醒夏日低迷的味蕾。

4 春苗杨梅（荸荠）

推荐语：古典土法雕琢下的红宝石

星级：
熊猫指数：**89**

→ **感 官 关 键 词**：肉软多汁、大小均一、甜中带酸
→ **企 业 名 称**：慈溪市春望果蔬有限公司
→ **采 收 时 间**：6月
→ **企 业 负 责 人**：茅春苗　电话：13805826391
→ **销 售 联 系 人**：茅春苗　电话：13805826391
→ **基 地 地 址**：浙江省慈溪市横河镇龙南村柘岙茅家2号
→ **如 何 到 达**：从宁波机场出发，途经杭甬高速、杭州湾环线高速，全程62千米，耗时57分钟

　　慈溪杨梅是浙江省特产，中国国家地理标志产品。慈溪市横河镇是著名的杨梅之乡，全镇杨梅种植面积2.5万亩，年总产量近万吨，种植面积和产量均居全国各乡镇之冠。

　　春苗杨梅种植基地地处横河镇的杨梅核心种植产区，所产杨梅肉软多汁，大小均一，甜中带酸，富含硒元素，鲜果销往杭州、上海、北京等大城市，远销新加坡、日本等国及香港特别行政区。2019年11月15日，春苗杨梅（荸荠）入选中国农业品牌目录。

5 山丁丁竹笋（雷笋）

推荐语：奉化雷笋，看山丁丁

星级： 🌿
熊猫指数：**84**

→ 感官关键词：滋味鲜甜、口感脆嫩、软硬适中
→ 企业名称：宁波市奉化银龙竹笋专业合作社
→ 采收时间：2月~3月
→ 企业负责人：虞如坤　电话：13185992399
→ 销售联系人：虞如坤　电话：13185992399
→ 基地地址：浙江省宁波市奉化区溪口镇锦堤北路
→ 如何到达：从宁波市出发，途经秋实南路、甬金高速，全程26千米，耗时30分钟

6 老林天目水果笋（水果笋）

推荐语：临安春笋，首选老林天目水果笋

星级： 🌿
熊猫指数：**84**

→ 感官关键词：滋味鲜甜、脆嫩多汁、口感细腻
→ 企业名称：浙江聚贤盛邦农业科技有限公司
→ 采收时间：1月-4月
→ 企业负责人：林汉良　电话：18968032688
→ 销售联系人：林汉良　电话：18968032688
→ 基地地址：浙江省杭州市临安区太湖源镇青云村
→ 如何到达：从宁波市出发，途经杭州湾环线高速、杭瑞高速，全程230千米，耗时3小时

7 西红岩溪茭白（浙茭 3 号）

推荐语：白白胖胖鲜到家

星级：
熊猫指数：**84**

→ 感官关键词：新鲜、肉质细嫩、水分足
→ 企 业 名 称：台州市黄岩良军茭白专业合作社
→ 采 收 时 间：4 月~5 月、10 月~11 月
→ 企业负责人：杨良军　电话：13757643223
→ 销售联系人：杨良军　电话：13757643223
→ 基 地 地 址：浙江省台州市黄岩区头陀镇下岙村
→ 如 何 到 达：从台州机场出发，途经院路线、京岚线，全程 38.1 千米，耗时 1 小时

8 兴宝有机绣球菌（绣球菌）

推荐语：源于日本，风靡全球的花瓣儿

星级：
熊猫指数：**84**

→ 感官关键词：菌香纯正、水灵脆嫩、口感细腻
→ 企 业 名 称：杭州千岛湖兴宝菇业专业合作社
→ 采 收 时 间：全年
→ 销 售 渠 道：盒马鲜生
→ 企业负责人：王富根　电话：13506819108
→ 销售联系人：王富根　电话：13506819108
→ 基 地 地 址：浙江省杭州市淳安县界首乡桐子坞村
→ 如 何 到 达：从杭州市出发，途经长深高速、溧宁高速，
　　　　　　　　全程 180.9 千米，耗时 2 小时 33 分钟

熊猫指南全榜单（2023）

熊猫指南三星产品（19个）

富乐园金橘（滑皮金橘）/056　　侗粮锡利贡米（锡利贡米）/065

凤大侠金钻凤梨（金钻17号）/071　　陆侨无核荔枝(A4)/072

顶力芒果（贵妃）/073　　苹阳苹果（王林）/088

金龙鱼五常基地原香稻（五优稻4号）/098

五稻皇五常大米（五优稻4号）/099

先米古稻响水石板大米（五优稻4号）/100

神园葡萄（园香指）/122　　艺树家樱桃（俄罗斯8号）/130

亿林有机枸杞（宁杞1号）/142　　义凯庄园油桃（忆香蜜）/145

桃太萌油蟠桃（黄肉油蟠桃）/200　　羊脂籽米（声农8号）/201

飞飞家妮娜皇后（妮娜皇后）/212　　微玉玉米（雪甜7401）/213

褚橙（冰糖橙）/214　　静橘（红美人）/234

熊猫指南二星产品（86个）

苹果青番茄（苹果青）/014　　摘瓜姑娘西瓜（L600）/015

康顺达西瓜（京秀）/016　　极星番茄（绿宝石）/017

吴小平葡萄（阳光玫瑰）/020　　容益绣球菌（广叶）/024

绿田建莲(建选17)/025　　安心有味百香果（钦蜜9号）/026

庄怡果业葡萄柚（葡萄柚）/027　　河龙贡米（河龙贡米1号）/028

百合宝宝百合（兰州甜百合）/034　　二姐沙漠农场蜜瓜（白兰瓜）/035

益友枇杷（白玉）/180　　　　陈小喵芒果（攀育芒）/181

晓哈尼梨（六月雪）/182　　　　润农优果苹果（岩富）/183

盘信桃（凤凰）/184　　　　　　棼鑫石榴（突尼斯软籽）/185

塔和玉骏枣（骏枣）/202　　　　红福天灰枣（灰枣）/203

曾曾果园杏李（恐龙蛋）/204　　疆香果新梅（法兰西）/205

蓝美莓蓝莓（优瑞卡）/215　　　鑫湖东杨梅（东魁）/216

采季人参果（圆果）/217　　　　快乐阳光葡萄（阳光玫瑰）/218

东方红一号葡萄（阳光玫瑰）/219　　高原荔枝（妃子笑）/220

谷魂遮放贡米（滇屯502）/221　　甬红橘（红美人）/235

仙洲牌仙居杨梅（东魁）/236　　春苗杨梅（荸荠）/237

熊猫指南一星产品（212个）

艳九天草莓（九天红韵）/010　　狝鲜生金寨猕猴桃（红阳）/011

欣沃猕猴桃（翠香）/011　　　　牧马湖籼米鸭稻香（荃香19）/012

康盈米香世家象牙香粘（果两优桂花丝苗）/012

联河喜洋洋纯正米（桃优香占）/013　　金粟丰润葡萄（火焰无核）/018

百年大集茅山后佛见喜梨（佛见喜）/018

清净栗园板栗（油栗）/019　　　老栗树板栗（油栗）/019

哈维斯特血橙（塔罗科）/021　　凡收农业红橙（中华红橙）/021

凡收农业玫瑰香橙（塔罗科）/022　　渝礼橙脐橙（奉园72-1）/022

富多村巫山脆李（巫山脆李）/023　　建绿梨（乡玉）/029

三朵银花银耳（银耳）/029　　　姚淑先银耳（本草银耳）/030

黄建新度尾文旦柚（文旦柚）/030　　品见初心百香果（钦蜜9号）/031

陶果兄百香果（钦蜜9号）/031　　富达杨桃（香蜜）/032

曦诺心坊杨桃（香蜜）/032　　　优原女王百香果（福建3号）/033

古双合金耳（金耳）/033　　　　百合世家百合（兰州百合）/037

护山情苹果（花牛）/037　　　　冒冒粮苹果（富士）/038

PART 2
第二部分

熊猫指南团队采集的数据还不够多，针对某些食材的数据科研还不够完美，如下产品不能直接登上"熊猫指南榜"，在此，我们向大家推荐熊猫指南"好吃榜"。

我们相信，随着熊猫指南调查和检测的数据越来越多，这些好吃的食材将正式入围"熊猫指南榜"！

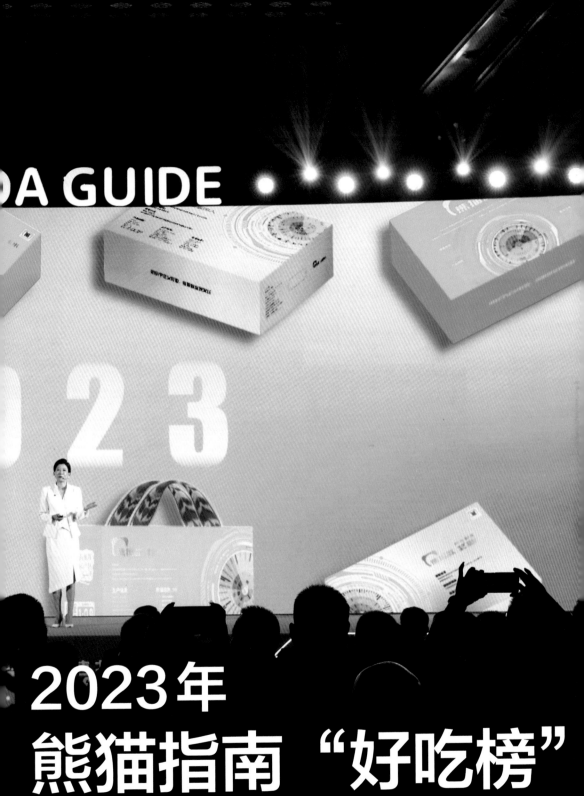

DA GUIDE

2023

2023年
熊猫指南 "好吃榜"

年猪的味道

　　憨态可掬的猪宝宝虽然坐镇中国生肖的最后一席，但在中国传统年俗文化中，它却占有重要一席。逢年过节、朋友聚会，中国人的餐桌上总少不了猪肉的影子。

　　猪肉是中国人最常吃，也是最喜欢吃的肉类，我们消费了全世界一半的猪肉，但算到人均，其实中国人的肉类消费量并不高，还不到美国人的一半。

　　过春节，中国人有杀年猪的习俗，为的是给过年包饺子、做菜准备肉料。"年猪"文化不仅是汉族的文化习俗，在苗族、侗族、彝族等很多少数民族的文化中，它也是不可或缺的存在。熊猫君曾在湖南湘西、贵州苗寨等地遇到年猪宴。新鲜的土猪肉配上千变万化的烹饪方法，即便在街巷里，也都香气四溢。这与西餐有很大的不同，在西餐中，肉类的香味往往是吃出来，闻是闻不到的。

　　在华夏文明的发展过程中，猪一直是我们重要的肉食来源，并在我们的文化中扮演着十分重要的角色。

　　在我国，已发现的早期猪类化石有山东出土的帕氏古猪、甘肃和政出土的库班猪、北京周口店出土的李氏野猪等。其中最有趣的是库班猪，这家伙居然是个独角兽！因为它的头顶上的的确确长了个角。

　　野猪进化的线索并不清晰，人类驯化野猪的过程也相当复杂。早期的先民，可能将野猪幼仔带回家喂养，此后，野猪便开始了它漫长的被驯化之路。经过人类的不断驯化、饲养、培育、优化，野猪的形态发生了明显的变化，家猪渐渐长成了今天的样子。

　　中国人对于猪是有特殊感情的，有两个知识点可供证明：

　　一是中国人的图腾——龙的身上有猪的影子。在国家博物馆和众多红山文化博物馆中，大家都可以看到早期的玉猪龙，它的造型惟妙惟肖，尤其是猪耳朵和猪拱嘴的样子，刻画得非常清晰。后来，龙图腾的身上多了马鬃、蛇身、鹰爪、鱼鳞……慢慢变成了今天的样子。

二是在周代，最早的汉字"家"出现了。它的上面是一个屋顶，下面是一头猪，也就是说，对于中国古人来说，有猪才有家！

早期的中国人不是特别爱吃猪肉，当时高级的肉是牛肉和羊肉，猪肉有一股土腥味，那个时候，只有穷人才吃猪肉。

到了宋代，有个人站了出来，对猪肉的烹饪和推广做出了卓越贡献，这个人就是大名鼎鼎的苏东坡。大家都听说过"东坡肘子""东坡肉"吧！它们可都是苏东坡的发明。公元1080年，苏东坡因为乌台诗案被贬到湖北黄州。从中央到地方，官职降了好多级，俸禄也大幅减少，没钱吃牛羊肉的苏东坡，除了游山玩水、写诗作赋，就是研究吃。他用慢炖的方法，把猪肉做成了百姓口中的丰腴之味。苏东坡甚至还写过一首《猪肉赋》："净洗铛，少著水，柴头罨烟焰不起。待他自熟莫催他，火候足时他自美。黄州好猪肉，价贱如泥土。贵者不肯吃，贫者不解煮，早晨起来打两碗，饱得自家君莫管。"

别人吃的是猪肉，苏东坡品的是人生。但可以肯定的是，我们今天吃到的东坡肉与苏东坡当年做的味道完全不一样，因为当年可没有那么多调味料。

今天，中国的猪肉产量和消费量都是世界第一，均占全世界一半。但大家不知道的是，中国百姓餐桌上的猪肉却被"三元猪"统一了。美国杜洛克、英国大白猪和丹麦长白猪简称"杜大长"，是全世界商品猪的三大品种。在这三个品种基础上杂交培养的内外三元猪，是当今国际国内市场上的绝对主角，中国国内猪肉市场80%以上都是"三元猪"。

大家是否觉得现在的猪肉不那么香了，没有肉味，那是因为商品猪吃饲料，长得很快，肉味确实不足。所幸的是，中国拥有世界上最丰富的土猪品种，我们有很多种土猪是非常好吃的，真正是一家炖肉、满街飘香。中国地方猪，也就是国产土猪，才是真正好吃的肉类。如果未来中国出现一款和牛级别的顶级肉食，来自土猪肉的可能性最大。

在中国的地方猪中，东北民猪被称为"杀猪菜之王"，广西巴马香猪被誉为猪中的"名门贵族"，四川成华猪是回锅肉的"最佳拍档"，浙江金华两头乌猪则是当之无愧的"猪中网红"，甚至被誉为"猪肉界的国宝"，它不仅借着金华火腿声名远扬，还走上了G20杭州峰会的国际餐桌。

中国是世界上第一养猪大国，也是猪种资源最为丰富的国家，但如同白羽肉鸡大行其道一样，中国地方猪好吃不赚钱，长得慢，肥肉多，出肉率低，商品属性差，市场在不断萎缩。即使是最为知名的"中国四大名猪"，它们普遍的特点是肉味浓，尤其是肌内脂肪含量普遍高于国外品种，养殖户的经济效益差，于是在"三元猪"面前败下阵来。

中国的市场足够大，随着人们生活水平的不断提高，优秀的地方猪未来有机会重新登场。当然，这需要我们一起建设属于中国土猪的话语权。

根据熊猫指南的猪肉风味轮和熊猫指南CNAS感官实验室的专业测评，多款猪肉登上了熊猫指南榜单。

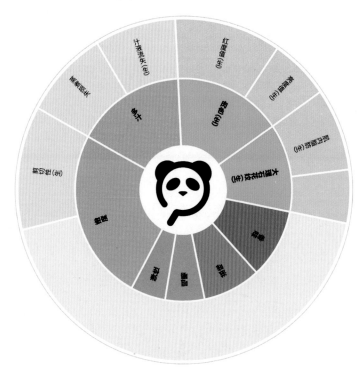

熊猫指南猪肉风味轮

　　未来，我们中国人需要共同努力，把猪肉的标准、猪肉的风味、猪肉的烹饪方法、品鉴方法，以及与酒水的搭配方法，一样一样讲清楚，并向全世界推广。

　　随着中国地方猪优秀品种的发扬光大，"一家炖肉、满街飘香"的儿时记忆迟早会回来。

猪肉榜2023

品名	厂家	品名	厂家
太湖黑里脊肉	浙江青莲食品股份有限公司	金猪府金华两头乌大里脊	金华市金府农业发展有限公司
直隶黑猪有机通脊	唐县直隶尚品肉食品加工有限公司	桐香猪肉	浙江华腾农业科技有限公司
龙大肉食黑猪里脊肉	山东龙大美食股份有限公司	君健大红门猪肉里脊	北京二商肉类食品集团有限公司
家佳康亚麻籽猪肉里脊	北京中瑞食品有限公司	中润长江猪肉里脊	北京中润长江食品有限公司
凉山猪肉里脊	海南玺宸食品集团有限公司	精气神通脊肉	永吉精气神有机农业有限公司

一颗无菌蛋

大家在吃日餐的时候，生鸡蛋是一种常见的食材。日本人会用生鸡蛋作为蘸料、拌料直接食用或拌饭食用，即便是寿喜锅、鸡素烧等熟食，其中的鸡蛋也经常是半生的。

日本人为什么对生鸡蛋情有独钟呢？

首先，鸡蛋很便宜。

其次，日本人比较喜欢吃黏乎乎的食物，认为黏乎乎的食物有助于净化血液，预防心肌梗死、动脉硬化等，也比较容易吃下去，有助于增加食欲。日本人喜欢的纳豆就有这个特点。

第三，日本人有生食文化，日本的鸡蛋可以达到无菌标准。在日本，可生食鸡蛋要经过紫外线杀菌和人工挑选后才能放到货架上销售，每一个蛋都有赏味期限，在此期间的鸡蛋才可以生吃。也就是说，一颗可以生吃的鸡蛋有着明确的标准，并执行严格的质量控制标准。

有过之而无不及，在美国，有机食品的鼻祖 Whole Food Market（中文名"全食超市"），会给一颗鸡蛋贴上不同标签，赋予它们不同内涵，因而形成了不同溢价。

首先，这里销售的鸡蛋都是有机的（USDA Organic），这是进入全食超市的门槛。然后，各种各样的标签将鸡蛋分成了三六九等："Omega-3 Enriched标签"表示母鸡是用富含脂肪酸的亚麻、藻类或鱼油加入饲料中喂养的；"Vegetarian标签"表示不用动物蛋白，而是用玉米和大豆喂的鸡；"Cage-Free标签"表示没有鸡笼，也就是下蛋母鸡不是圈养的；

"Pasture-Raised标签"表示母鸡是在牧场饲养的。有时，标签上还会注明"Certified Humane"，意思是符合人道的，这是目前超市中营养价值最高也是最贵的鸡蛋。贴着不同标签的鸡蛋，代表着不同的标准、不同的营养价值。和日本的无菌鸡蛋一样，全食超市给鸡蛋做了精准细致的标准区分。

美国北卡罗来纳州罗利市一家wholefood market在售的鸡蛋（拍摄于2023年8月）

全世界最爱吃鸡蛋的国家里，中国一定榜上有名。作为全球鸡蛋消费第一大国，我国每年至少吃掉4000亿枚鸡蛋，连起来的长度甚至能围绕地球550圈。中国鸡蛋产量约占全球鸡蛋产量的35%，自给率达到100%。《中国居民膳食指南（2022）》明确建议：每人每天吃一个鸡蛋，且不要丢弃蛋黄。

我国拥有世界上最好的土鸡品种，如三黄鸡、芦花鸡、乌鸡、清远麻鸡、文昌鸡、固始土鸡、长汀河田鸡等。另外，由于养殖量巨大，我国还拥有多款品质优异的鸡蛋。

2023年，熊猫指南团队对国内54款常见的鸡蛋进行了品质测评。这些鸡蛋有的采购自线下，有的采购于线上。熊猫指南CNAS感官实验室从如下几个维度对这批鸡蛋进行了测评。

首先，是香气和腥味。鸡蛋在刚产出的时候最好吃，蛋清清透稠密，几乎没有异味，蛋黄澄黄饱满并带有淡淡的甜奶香味，没有蛋腥味。但随着储存时间变长，鸡蛋的口感会越来越差，到一定时间后，蛋清甚至会散发出淡淡的硫黄味。还有些母鸡因为吃了便宜的饲料，产下来的鸡蛋初始的腥味就比较重。从感官分析结果看，消费者对蛋香味强、腥味弱的鸡蛋喜好度高。

其次，是鲜味和苦味。鸡蛋里含有一种叫谷氨酸的营养成分，在烹饪加热过程中，它会与盐（氯化钠）发生反应，生成谷氨酸钠。谷氨酸钠是味精的主要成分，吃起来感觉特别鲜。除了鲜味外，部分鸡蛋还会有苦味，这是因为有些鸡蛋存放过久变质导致，有些则是因为新鲜鸡蛋里的核黄素、烟酸含量较高导致。从感官分析结果看，人们对鲜味浓郁、苦味低的鸡蛋喜好度高。

最后，是蛋黄和蛋白的口感。蛋白分为"浓厚蛋白"和"水样蛋白"，浓厚蛋白是蛋黄周围浓厚有弹性的蛋白，水样蛋白则是浓厚蛋白周围液体般流动性较高的蛋白。新鲜的鸡蛋，其浓厚蛋白含量约为60%～70%，弹性很强，随着时间的推移，这些浓厚蛋白几乎完全会变成水样蛋白，这也就意味着鸡蛋变得不新鲜了。鸡蛋的蛋黄是干性的，含水率很低，但它对水分的吸收率特别强，而口腔里分泌的唾液是帮助消化食物的，我们吃蛋黄时，它会将唾液全部吸收，这就是吃蛋黄时经常噎人的原因。从感官分析结果看，蛋白的硬度在中等强度，蛋黄顺滑不噎人的鸡蛋，人们的喜好度会高。

需要说明的是，鸡蛋的大小、蛋黄的颜色深浅并不是重要指标。因为是蛋黄颜色深浅，是可以通过调整母鸡饮食来加以改变的。

总之，基于感官评价技术，基于熊猫风味轮专利群，基于熊猫指南CNAS感官实验室的测评，基于对消费者反馈数据的分析，我们可以将每一款食材的品质好坏变成一个数据包，从不同纬度进行分析，即便是一颗鸡蛋，它的风味密码也能够被解析。

鸡蛋榜2023

品名	厂家	品名	厂家

圣迪乐村谷物鲜蛋

四川圣迪乐村生态食品股份有限公司

樱姬小町可生食鲜鸡蛋

小町蛋业（山东）有限公司

黄天鹅可生食鸡蛋

凤集食品集团有限公司

国虹可生食富硒鲜鸡蛋

国虹（广州）生态农业食品有限公司

元小吉虫草蛋

福州元小吉食品有限公司

德青源 A 级鲜鸡蛋

北京德青源农业科技股份有限公司

铂鼎鼎初乳蛋

河北食特吉农业开发股份有限公司

一颗红心可生食鲜鸡蛋

青岛幸福农场企业管理有限公司

咯咯哒醇香金鸡蛋

大连韩伟养鸡有限公司

来自蛋蛋的爱 DHA 鲜鸡蛋

禾风源（北京）食品有限公司

大闸蟹的丰腴

　　中国是当之无愧的世界第一渔业大国，鱼类年产量8000多万吨，占世界的1/3。中国还是世界上水产养殖技术最为发达的国家之一。多年来，中国政府一直鼓励水产养殖，不断提高产量，来满足人民群众日益增长的对美好生活的需求。我们不得不自豪和骄傲一下，作为中国人，我们生活在如此伟大的美食国度，实在太幸福了！

　　下面说几个数字，大家一起感受一下。

　　以前被奉为海鲜极品的鲍鱼，现在已经带着20元/个的身价走进家常菜的菜单；以前被奉为东海鱼王的大黄鱼，通过人工养殖，在淄博的烧烤摊上，已经卖到3元/串。中国创造了一个新名词"蓝色牧场"，并使之成为现实。

　　中国最大的鱼子酱产地在四川雅安，最大的加州鲈鱼基地在广东佛山，最大的小龙虾基地、鳗鱼基地、生蚝基地，都有好几个地方在激烈竞争。

　　中国的水产品实在太多了，既有河鲜，也有海鲜，数据量庞大，不是三言两语能够讲得清楚的，我们选个代表，解密一种中国特有的超级水产——大闸蟹的风味。

　　大闸蟹，即中华绒螯蟹，又称毛蟹，是中国传统名贵水产品之一。中国人对于大闸蟹的痴迷是很多外国人无法理解的，它是中国食文化的标志性食材之一，外国人不会也难以理解大闸蟹的美味。

我国已有近5000多年的吃蟹历史。在长江三角洲，考古工作者在对上海青浦的淞泽文化、浙江余杭的良渚文化层的发掘时发现，在我们的先民食用的废弃物中，就有大量的河蟹蟹壳。

大闸蟹在我国的分布很广，北自辽宁盘锦地区、山东东营，南至东南沿海诸省通海河流中均有分布，尤以长江中下游两岸的湖泊、江河中最常见，其中最著名的产地有江苏南部的阳澄湖、江苏和安徽交界的固城湖、江苏西部的洪泽湖、江西进贤县的军山湖、湖北东南部的梁子湖、江苏南部的太湖等，甚至青海、新疆、台湾地区都有大闸蟹养殖。当然，这一切要感谢阳澄湖，由于阳澄湖大闸蟹在商业上的成功，才促使各地本不出名也没有规模化的毛蟹养殖发生了天翻地覆的变化，中国的大闸蟹产业得到了快速发展。

这些广泛分布在我国的大闸蟹在品种上都是一样的，它们在品质上有差别吗？

如果用传统的视角看大闸蟹，那么这些螃蟹都是差不多的，都是"青背、白肚、金毛、利爪"。但如果从消费者的视野去辨识大闸蟹的品质，它们就有很大差别。

2023年熊猫指南应邀对山东东营的黄河口大闸蟹进行了感官测评，并结合江苏大闸蟹的测评数据，对大闸蟹的风味进行了解析。

熊猫指南把大闸蟹的风味聚焦在四个维度：外观、滋味、香气、口感上，这是根据资料与现场调研，以及消费者问卷确定的核心维度。

从外观分析，优质的大闸蟹应该是完整度好、蟹腿硬实、蟹肉饱满的，根据测评时间不同，有红膏、流油的品质更佳。

从滋味分析，有两个维度，也就是即食的滋味和食后的口腔余味。鲜味和甜味在整体滋味中占比最大，滋味浓郁，余味持久是重要的品质指标，消费者会发现一些蛋黄味、脂肪味，这是蟹黄、蟹膏肥满的滋味感受。此外，公蟹和母蟹的滋味有些差异，黄河口大闸蟹的公蟹有轻微的咸味，母蟹则带有淡淡的奶香味。

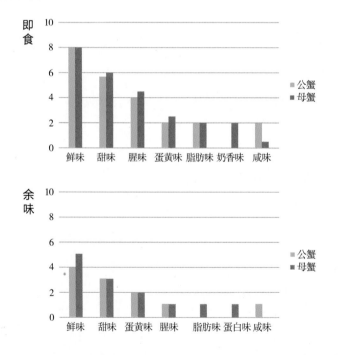

从香气分析，大闸蟹的香气以鲜味、蛋黄味、肉香味为主，相较于江苏产的大闸蟹，黄河口大闸蟹香味浓郁，该气味的喜好度是较高的。相比于公蟹，母蟹香气更有层次感，富有脂肪味、奶香味，获得的好评较多。

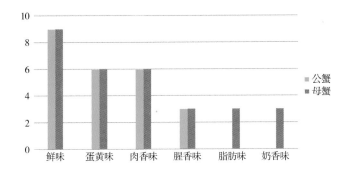

从口感分析，大闸蟹的口感测评主要看蟹肉的嫩度、弹性、爽滑度，以及蟹膏/蟹黄的黏附性、油润感、细腻度。黄河口大闸蟹整体口感表现优秀，蟹肉爽滑，蟹膏蟹黄细腻，其中公蟹的蟹膏更加饱满油润，母蟹的蟹肉更加紧实弹牙。

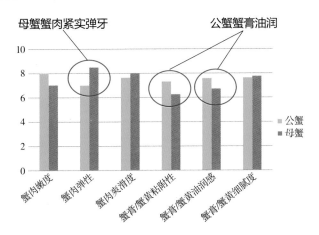

综上，大闸蟹的风味主要体现在外观、滋味、香气、口感四个方面，中国人尤其是江浙一带的国人，把大闸蟹吃到了极致。好的大闸蟹经过吐水，用越南、泰国进口的香草捆起来，简单一蒸，就是一道顶级美味。但中国人吃大闸蟹的仪式感才刚刚开始，一杯好茶清口，选择镇江香醋，佐以姜丝，配上年份黄酒，才可以开始慢慢享用一只大闸蟹了。

雅致的食客会用蟹八件，将一只螃蟹拆得一丝蟹肉不剩，吃完后，还能完整地把空螃蟹壳复原如初。纵观全世界，为了吃一款食材，准备出八种工具（圆锤、小方桌、镊子、长柄斧、调羹、长柄叉、刮片、针），绝无仅有。中国古人发明食蟹工具后，吃螃蟹便成了一种文雅而潇洒的享受。

吃蟹还不止于此，中国人会把大闸蟹的蟹黄、蟹肉拆出来，做蟹黄面、蟹粉炒菜，甚至将秃黄油（拆出蟹膏、蟹黄，佐以猪油、黄酒、高汤，焖透入味，口感极致丰腴）直接用来拌饭拌面，其丰腴之味堪称中餐中的王者，对于很多老饕来说，简单如一碗猪油拌饭，复杂如一碗秃黄油拌饭，口腔中的丰腴肥美之味，达到极点。

悠久的历史和文化传承，造就了中国人堪称世界之最的美食文化。秋风起，蟹脚肥。菊花开，闻蟹来。每年中秋前后，中国人品味大闸蟹的时候就到了，并一直持续到年底。对于中国人来说，秋天是吃蟹的季节，一年当中，其味最美。

蟹榜 2023

品名	厂家	品名	厂家
固城湖青松螃蟹 	江苏固城湖青松水产专业合作联社	恒盛黄河口大闸蟹 	东营市恒盛农业科技有限公司
海学精品大闸蟹 	江苏海学生物科技有限公司	盐淮白马湖大闸蟹 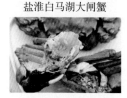	淮安市滨湖红膏螃蟹养殖有限公司
阳澄湖大闸蟹 	江苏阳澄湖大闸蟹股份有限公司	蟹蟹邦大闸蟹 	南京云蟹供应链管理有限公司

2024年，那些让人期盼的美味

2024年是中国生肖龙年。在我国传统的十二生肖中，龙代表着祥瑞、权威和力量。龙是中华民族的图腾，其形象在中国文化中占据着十分重要的地位。值此祥瑞之年到来之际，我们有理由吃点儿好的。

下面就让熊猫君给大家介绍几种2024年那些让人期盼的美味吧。

吃一碗香喷喷的极品大米饭

有朋友找到熊猫君问："如果只选四款大米，代表中国大米的最高水平，熊猫指南有什么推荐？"这是个好问题。熊猫指南的榜单上常年有20多款大米上榜，这些大米的产地跨越中国领土的东西南北。作为稻米王国，我们的优质大米太多了，但如果只推荐四款，熊猫君想这样推荐。

一是选一款北方米——粳米。五常大米和响水火山岩大米都是杰出代表。对国人来说，这两款大米无论从香气、口感、滋味、与中餐的适配度，都是顶级的，几乎没有争议。

二是选一款南方米——籼米。国内好吃的籼米很多，丝苗米在南方广受好评，可以比肩泰国香米，但如果只能选一款，熊猫君愿意推荐来自云南的遮放贡米。遮放贡米是泰国香米的鼻祖，煮出的米饭香气四溢。在古代，它可以长到三米高，古人可是骑着大象采收的。

三是选一款糯米。糯米在我国南方食用广泛，粽子、年糕，到处都有糯米的身影。但如果做米饭的话，糯米就不太合适了，但可以考虑新疆阿拉尔的羊脂籽米。确切地说，这款米是北方米型粳米，糯性较强，色泽温润如玉，口感绵糯，香气足，易于消化，老人和小孩会更喜欢。

四是选一款其他米。在中国还有很多杂米，红米、黑米都有优秀代表。这些杂米不仅好吃，而且营养丰富，对于现代都市人来说，适当吃些杂米，有益于身体健康。

熊猫指南完整榜单（2023）大米榜单

熊猫指南三星大米

侗粮锡利贡米（锡利贡米）/065

金龙鱼五常基地原香稻（五优稻4号）/098

五稻皇五常大米（五优稻4号）/099

先米古稻响水石板大米（五优稻4号）/100

羊脂籽米（声农8号）/201

熊猫指南二星大米

河龙贡米（河龙贡米1号）/028

挂荔牌增城丝苗米（增城丝苗）/050

秋然匠心稻香米（五优稻4号）/101

金福乔府大院五常大米核心产区（五优稻4号）/102

绿古五常大米（五优稻4号）/103

晶健南粳46（南粳46）/125

鸭绿江米（越光）/133

谷魂遮放贡米（滇屯502）/221

熊猫指南一星大米

牧马湖籼米鸭稻香（荃香19）/012

康盈米香世家象牙香粘（果两优桂花丝苗）/012

联河喜洋洋纯正米（桃优香占）/013

即便是日常水果，你还有很多不知道的

说起日常水果，苹果绝对算得上是首选。在全世界，苹果都是全年可见的一种水果。中国的消费者对苹果更是钟爱有加，2022年中国苹果产量4757.18万吨，占全球产量的一半以上。其中，国内苹果产量最多的省份是陕西，其苹果产量是世界排名第二的美国的两倍以上。不过，中国消费者吃到的苹果品种很单一，主要就是富士苹果，占了80%左右的市场份额。近年来，国产苹果开始升级换代，在这方面，山东走在了前列。

苹果虽然只是一种日常水果，但熊猫君还是推荐大家多尝试尝试新品种，比如青色的王林苹果、黄色的黄金维纳斯、红色果肉的红色之爱、苹果味很浓的小型苹果嘎啦、蛇果同款的花牛苹果等，即使只是吃富士苹果，也建议大家尝尝冰糖心苹果，它一般出现在昼夜温差较大、采摘较晚、成熟度较高的果园，新疆阿克苏、四川大凉山、陕西洛川和云南昭通是国内四个冰糖心苹果的核心产区。

熊猫指南完整榜单（2023）苹果榜单

熊猫指南三星苹果

苹阳苹果（王林）/088

熊猫指南二星苹果

花牛先生苹果（花牛）/036

田哆啦苹果（维纳斯黄金）/159

雀斑美人苹果（王林）/160

润农优果苹果（岩富）/183

熊猫指南一星苹果

海风吹来热带水果的新奇特

11月，北方进入冬季，海南岛的风景独好。在海南岛东北海岸，就是依山傍海的琼海。

来到琼海，您有机会尝到热带水果风味，包括马梅果、牛奶果、冰激凌果、黄晶果、指橙，还有神秘果。马梅果是目前海南岛最贵的水果，一个大概一斤，可以卖到300元。马梅果有着木瓜般深橘红的果肉，吃到口中有雅致的香气，百吃不腻。冰激凌果如同它的名字一样，在冰箱里冷藏一下，其口感、甜度、香气就是最细腻的天然冰激凌的味道。指橙，被称为"水果鱼子酱"，掰开后满满的籽粒和鱼子酱极为相似，吃到口中，酸爽，爆浆感十足，配合沙拉或肉类，爽口解腻，女生对它的喜爱度明显高于男生。神秘果更奇葩，被称为"果园里的魔术师"，食用后会使酸味食物（如柠檬和酸橙）在奇迹蛋白和唾液酶的作用下转化为果糖，酸的食物都变甜了。神秘果原产于西非，20世纪60年代，周恩来总理访问西非时，加纳共和国把这种国宝级的珍贵植物送给了周总理。著名诗人艾青在诗里写道："吃了神秘果，再吃黄连不苦……"

在我国唯一的热带岛海南，还有很多优质食材，如释迦、莲雾、番石榴、金椰、香蕉、芒果、火龙果、燕窝果等，就连"水果之王"榴莲也开始在这里种植了，未来，消费者可以在海南岛品尝到更多令人惊喜的美味。

熊猫指南完整榜单（2023）新奇特产品榜单

荤素搭配更健康，别错过中国这些优秀食材

你在菜市场看到的猪肉大多是工业化的三元猪，但中国土猪中确实有极品美味；你在快餐店吃到的鸡肉大多属于白羽肉鸡，但中国的乌鸡、清远鸡、三黄鸡、文昌鸡等，味道异常鲜美。中国牛羊肉的消费量虽然没有西方国家高，但国内不乏顶级牛羊肉，尤其是羊肉，其品质世界领先。

红肉不如白肉，从营养和健康的角度分析，水产品是更好的脂肪和蛋白质的来源。

2024年，你可以尝试尝试辽宁盘锦、山东营口、江浙湖区的大闸蟹，品味膏肥黄满的丰腴，尝试尝试太平洋牡蛎（乳山、大连，北方牡蛎）、葡萄牙牡蛎（福建漳州诏安）和香港牡蛎（广东阳江、广西钦州），品鉴"海中牛奶"的鲜甜，通过横向对比，才能更了解食材的美味，体会生活的美好。

熊猫款，用科学定义好吃，用数据呈现美味

2023年，熊猫指南授权中国绿色食品有限公司，通过数据库分析和CNAS感官实验室科学测评，选出熊猫指南榜单每一个品类中品质规格最高级别的产品，定为熊猫款。熊猫款农产品不仅需要接受实验室测评，还需要定期接受二次抽检，保证品质稳定。

熊猫款的出现，代表着上榜农户可以通过联合打造熊猫款，使品牌得到溢价，为农产品赋能，帮助农户进一步提升收入。

熊猫款还有助于打通多样化渠道，实现多方共赢。它不仅可以为渠道端和餐饮端提供优质农产品，让好产品不愁卖，还可以为消费者提供安全、可靠、好吃的选购指南，让消费者打破时空壁垒，坐在家中也能品尝到藏在山川河谷间的天然美味。

未来，中国绿色食品有限公司会联动更多熊猫指南上榜基地打造熊猫款农产品，借势多方背书推向市场，共同建立高端农产品话语权，推进中国品质农业加速走向更美好的明天。

让我们一起期待熊猫指南更多食材榜单和熊猫款出炉吧！

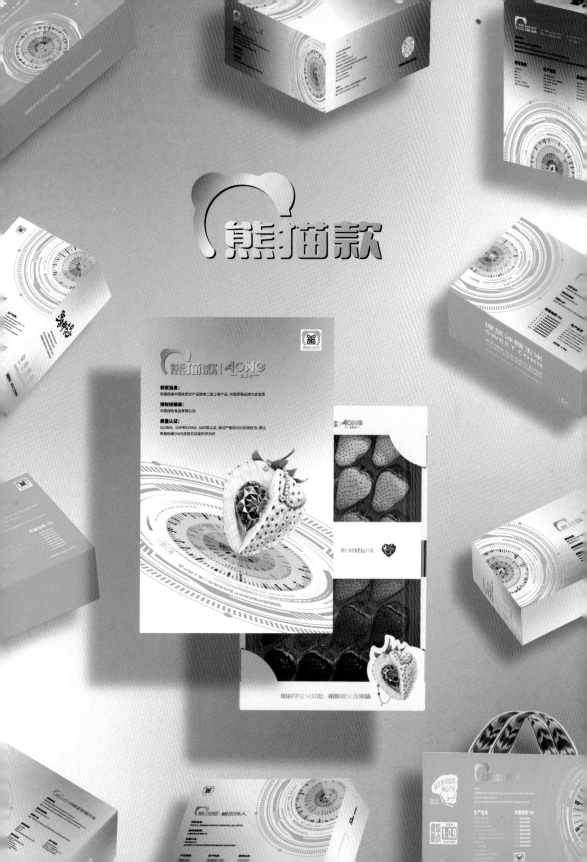

图书在版编目(CIP)数据

熊猫指南. 风味密码 / 毛峰，马祎著. --北京 ：
旅游教育出版社，2024. 1
ISBN 978-7-5637-4655-2

Ⅰ. ①熊… Ⅱ. ①毛… ②马… Ⅲ. ①农产品—品种
—介绍—中国 Ⅳ. ①S329.2

中国国家版本馆CIP数据核字(2024)第000223号

熊猫指南　风味密码

毛峰　马祎◎著

策　　划	黄明秋
责任编辑	景晓莉
出版单位	旅游教育出版社
地　　址	北京市朝阳区定福庄南里1号
邮　　编	100024
发行电话	(010)65778403　65728372　65767462(传真)
本社网址	www.tepcb.com
E-mail	tepfx@163.com
设计制作	北京卡古鸟艺术设计有限责任公司
印刷单位	天津雅泽印刷有限公司
经销单位	新华书店
开　　本	710毫米×1000毫米　1/16
印　　张	17.375
字　　数	221千字
版　　次	2024年1月第1版
印　　次	2024年1月第1次印刷
定　　价	98.00元

(图书如有装订差错请与发行部联系)